Übungsbuch
Natural
Horsemanship

KOSMOS

Zusammengesetzte Übungen / Prinzipien   126

Übungen für freies Spielen mit dem Pferd   170

Service   187

Wertschätzung und Einfühlungsvermögen

Waren Sie auch schon mal am Meer und haben zugeschaut, wie erfahrene Surfer auf Wellen reiten? Es sieht so elegant aus, weil sie die Welle nicht zwingen und verändern können. Jeder gute Surfer lernt, wie er die Welle reiten kann.

Um mit dem Pferd die gleiche Einheit zu erreichen, braucht es nebst der Wertschätzung des Pferdes Einfühlungsvermögen, ein gutes Timing und die richtige Position.

Wir können lernen, die Welt wie ein Pferd zu sehen.

Es täte vielen Pferdeleuten gut, sich mehr mit dem Thema des „Wellenreitens" auseinanderzusetzen. In der Pferdewelt wird allzu oft davon gesprochen, wie man ein Pferd gefügig machen kann. Kein Surfer käme je auf eine solche Idee! In jedem Stall werden gut gemeinte Tipps gegeben, die meist aber nur der eigenen Befriedigung dienen und mit wahrer Pferdearbeit nichts zu tun haben.

Selbst an oberster Stelle von verschiedenen Vereinigungen macht es den Anschein, dass sich gewisse Personen mehr an die Einhaltung irgendwelcher Regeln gebunden fühlen, als an deren Sinn. Es ist schon verrückt, wie sehr sich Menschen, die keine Fantasie besitzen, durch Vorschriften geschützt fühlen.

Sympathisch anders präsentieren sich Jenny und Peer. Ich habe sie vor vier Jahren in einem bekannten Kurszentrum kennengelernt. Zu diesem Zeitpunkt hielt ich dort ein Seminar ab. Mir ist ihre freundliche und offene Wesensart sofort positiv aufgefallen. Ich habe erfahren, dass sie sich schon damals Gedanken darüber gemacht haben, wie sie den Pferden eine mit den Menschen angenehmere Welt bieten können.

Es freut mich umso mehr, dass sie nun auch mit ihrem Buch anhand verschiedener Übungen des Natural Horsemanship ihren Weg der Toleranz und der Empathie aufzeigen können. Sie sind es nicht müßig, immer wieder darauf hinzuweisen, wie das Pferd als Persönlichkeit mit individuellen Bedürfnissen wahrgenommen und wertgeschätzt werden will.

Jenny und Peer erklären Ihnen auf sympathisch einfache Weise, wie die Pferde die Welt sehen und wie Sie handeln müssen, damit Ihr Pferd Sie verstehen kann. Es ist ein außerordentliches Buch, das immer wieder mal in die Hand genommen werden möchte, um Sie auf dem Weg des Lernens zu begleiten. Aus eigener Lehrtätigkeit weiß ich, dass der Weg des Lernens niemals aufhört.

Ich wünsche Ihnen viel Vergnügen beim Lesen und bei der Umsetzung der Ideen und Anregungen aus diesem Buch.

Markus Eschbach

Pferde sind …

Pferde sind von Natur aus skeptisch, klaustrophobisch und unsicher: Sie bekommen Panik und schauen erst dann, ob es nötig war. Deshalb scheiden sie eigentlich schon von vornherein für ein Leben mit Menschen in deren Lebensraum aus. Straßen, Häuser, Zäune, Maschinen, wenig Platz, viel Enge und ein möglichst hoher Grad an Kontrolle der Umwelt halten im günstigsten Fall ein Leben in Angst und Schrecken, im ungünstigsten Fall ein rasches Ende desselben für Pferde bereit.

Auf der anderen Seite sind Pferde aber auch hoch soziale Wesen, denen Führen und Folgen im Blut liegt, die kooperativ und harmoniebedürftig sind, emotionale und kommunikative Lebewesen, die sich oft und gern anderen mitteilen. Dazu sind sie hochflexibel und ein Leben lang lernfähig. Bis ins hohe Alter erforschen sie unermüdlich und spielerisch ihre Umwelt und das, was darin vor sich geht. All das prädestiniert sie also auf der anderen Seite für das Zusammensein mit Menschen.

Natural Horsemanship ist …

Die Übungen und Konzepte des Natural Horsemanship können genau
diesen Zwiespalt überbrücken.

Sie helfen den Pferden, sich besser in unserer bedrohlichen Welt
zurechtzufinden, bereiten sie auf Gefahren und Fallgruben vor und
zeigen ihnen, dass die meisten Dinge, die ihnen Sorgen machen, nicht
wirklich gefährlich sind.

Gleichzeitig helfen sie uns Menschen, die Natur der Pferde besser
zu verstehen, die auf uns auch oft fremd und bedrohlich wirkt. Dadurch
schaffen wir es, die gemeinsame Basis mit den Pferden zu erkennen,
wertzuschätzen, zu fördern und zu nutzen.

Auf dieser Grundlage wachsen eine Beziehung und eine Kommunikation, die für jede Reitweise unentbehrlich sind und beiden Seiten
nur Vorteile bringen: Wir Menschen haben es einfacher und die Pferde
dürfen so sein, wie sie sind. Und wir finden, das ist das Mindeste, was
wir ihnen schuldig sind, wenn wir ihnen schon unsere Welt aufzwingen!

Üben um des Übens willen wird schnell langweilig. Üben als Vorbereitung auf das wahre Leben liegt in der Natur von Pferd und Mensch.

Übungen und Ziele

So wie Natural Horsemanship also keine Reitweise ist, sind die Übungen in diesem Buch auch nicht nur Übungen. Es sind Hilfsmittel, um Menschen zu lehren, wie Pferde denken, fühlen und lernen. Sie können uns die Dynamik zwischen Mensch und Pferd offenbaren. Auf welche Reitweise bzw. zu welchen Zwecken man dieses Wissen dann anwendet, ist – mit Rücksicht auf die Natur der Pferde – den jeweiligen Vorlieben überlassen.

Und so haben die Übungen auch eigentlich keine unterschiedlichen, sondern immer die gleichen übergeordneten Ziele: Die Pferde sollen mitdenken dürfen, sich entspannen können (mental, emotional und physisch) und sich sicher fühlen.

Nehmen Sie nicht alles, was Trainer und Experten sagen (uns eingeschlossen), für das Nonplusultra und die einzige Wahrheit. Meist geht es nur darum, einen bestimmten Aspekt herauszustellen. Zum Beispiel geht es auch in unserem Buch an vielen Stellen darum, sich nicht von Pferden bewegen zu lassen. Auf der anderen Seite führen wir unsere Pferde natürlich auch vom Paddock zur Wiese, indem wir mitlaufen. Und wir machen ihnen auch Platz, wenn es angebracht ist oder die Situation es erfordert. Es geht eben nur darum, sich zu Erklärungs- oder Übungszwecken einige Aspekte der Beziehung und Kommunikation unter einem Vergrößerungsglas anzuschauen.

Und auch für die Durchführung der Übungen gilt Ähnliches. Wir beschreiben lediglich jeweils eine mögliche Variante, die unserer Erfahrung nach sinnvoll ist. Es ist weder wichtig noch möglich, die einzig richtige Art und Weise zu finden, eine bestimmte Übung durchzuführen. Die zu Grunde liegenden Konzepte sind viel wichtiger. Wenn Sie das im Hinterkopf behalten, wird Ihnen das einiges an Verwirrung ersparen, falls Sie verschiedene Trainer oder Lehrer miteinander vergleichen.

Wer lehrt wen?

Die meisten Menschen haben das Gefühl, dass sie ihren Pferden Dinge beibringen und deshalb „Übungen" mit ihnen machen müssen. Tatsächlich ist es aber erst einmal so, dass die Menschen lernen müssen, Pferde besser zu verstehen und mit ihnen zu kommunizieren, um sie dann gezielt nach etwas fragen zu können. Ganz davon abgesehen, dass Pferde nämlich sowieso schon fast alles können, was wir ihnen beizubringen glauben.

Die Übungen sind deshalb vordergründig zugeschnitten aufs Menschenlernen, nicht aufs Pferdelehren.

Manchmal werden wir von Menschen um Hilfe gebeten, die jahrelang Probleme mit ihren Pferden haben. Sobald einer von uns das Pferd an der Hand hat, treten die ersten Veränderungen bis zur Lösung des Problems häufig schon nach wenigen Minuten ein ... Also lesen Sie aufmerksam und arbeiten Sie immer an sich!

Immer der Reihe nach?

Wir können uns hier immer nur um eine Übung auf einmal kümmern. Das Zusammensein mit Pferden ist allerdings in Wahrheit sehr viel komplexer. Es funktioniert nicht nach unserem schematischen Denken (etwa: Montag mach ich Übung 1, Dienstag Übung 2 usw.). Da alles irgendwie mit allem anderen zusammenhängt, gibt es auch immer viele

Wir wollen, dass die Pferde mitdenken und sich bei allen Aufgaben wohlfühlen.

Bausteine, die man gleichzeitig parat haben muss, um ein Problem zu lösen oder eine Herausforderung zu meistern. Weil es sich auf diese Weise aber schlecht lernen lässt, kommen wir eben nicht um eine (hoffentlich sinnvolle) Reihenfolge der Übungen herum, was nicht bedeuten soll, dass einige Übungen wichtiger oder besser sind als andere.

Sie sollten die Übungen eigentlich der Reihe nach machen. Jedoch kann es sich herausstellen, dass es je nach Pferd oder Situation von Vorteil ist, manche Dinge zunächst zu überspringen und auf einen späteren Zeitpunkt zu verschieben, während man andere vielleicht vorziehen kann. Dies wird sich aber unter Umständen erst mit der Zeit ergeben, wenn Sie die Übungen verstanden und verinnerlicht haben. Im besten Fall können Sie sich an verschiedenen Pferden erproben und vor allem verbessern.

Spätestens wenn Sie irgendwo nicht weiterkommen, ist es auf jeden Fall immer notwendig, zu den Grundbausteinen zurückzukehren und hier zu reparieren – egal auf welchem Niveau Sie sich gerade befinden. Haben Sie also keine Angst davor!

Für Pferde gibt es keine Betriebsanleitung. Jedes Pferd will als Individuum behandelt werden.

Flexibilität und Kontinuität

Wenn uns jemand nach der Lösung für ein bestimmtes Problem fragt, ist unsere Antwort in der Regel: „Es kommt darauf an!" Und genau diese Antwort drückt ein extrem wichtiges, aber auch schwieriges Prinzip aus: Sie müssen einerseits lernen flexibel zu sein, auf der anderen Seite aber auch kontinuierlich zu arbeiten. So sollten Sie auch an die Übungen herangehen.

Sie werden merken, dass es oft sinnvoller ist, eine Übung nicht längere Zeit am Stück zu trainieren, bis diese vermeintlich perfekt ist. Wechseln Sie lieber früher als später zu einer anderen Übung, um das Interesse Ihres Pferdes zu erhalten. Menschen neigen dazu, sich schnell in eine Sache zu verbeißen. Das ist (nicht nur) für die Pferde frustrierend und es dauert am Ende sogar länger.

Seien Sie aber nicht so flexibel, dass Sie Ihr Pferd mit immer neuen Aufgaben verwirren. Sie brauchen weiterhin eine klare Linie, damit es auch begreifen kann, was Sie ihm vermitteln möchten.

Entschuldigung

Um die Übungen zu beschreiben, ohne den Rahmen zu sprengen, ist eine gewisse Sprache nötig, die uns schwergefallen ist, weil sie z. T. zwar klar und deutlich beschreibt, aber dafür auch etwas kühl und distanziert wirkt – wie eine Betriebsanleitung. Es gibt vielleicht so etwas wie eine Betriebsanleitung für bestimmte Übungen, aber nicht für Pferde!

Bitte vergessen Sie das nicht, wenn Sie dieses Buch lesen. Weil es entscheidend ist, nicht nur das WIE zu wissen, sondern auch das WARUM, haben wir natürlich trotzdem nicht nur reine Übungsabläufe, sondern auch die wichtigsten Grundprinzipien erläutert, die den Unterschied ausmachen zwischen Kommunikation durch Gefühl und seelenlosen Techniken.

Achtung Bei allen Übungen gehen wir davon aus, dass sie mit einem gesunden Pferd ohne größere körperliche Einschränkungen durchgeführt werden. Trotzdem kann es sein, dass manche Übungen für ein Pferd eine große Herausforderung sind, die ein anderes beim ersten Mal problemlos bewerkstelligt. Berücksichtigen Sie das bitte beim Üben und hören Sie auf Ihr Pferd!

Motivation

In diesem Film sehen Sie einige Höhepunkte unserer Arbeit mit Pferden. Unter www.m.kosmos.de/14073/v1 erhalten Sie die gleichen Infos.

Die Hilfsmittel

Die Grundausstattung

Falls nicht ausdrücklich erwähnt, benötigen Sie als Grundausstattung für fast alle Übungen in diesem Buch nur drei Hilfsmittel:

- ein Knotenhalfter (6 mm Seilstärke),
- ein ca. 4 m langes Führ- bzw. Arbeitsseil (ca. 14 mm Seilstärke),
- ein ca. 120 cm oder ca. 90 cm langes Horseman-Stöckchen (Stick) mit einem abnehmbaren Seilchen am Ende (der „String", ebenfalls 6 mm Seilstärke).

Je nach Übung, Ausbildungsstand von Pferd und Reiter oder Situation kann und sollte man z. B. ein längeres oder dünneres Seil, einen kürzeren Stick, einen anderen Haken etc. benutzen.

Das sind unsere Hilfsmittel, d. h. sie erfüllen keinen Selbstzweck, sondern haben die Aufgabe, uns Menschen schneller, größer, effektiver und damit sicherer und präziser zu machen. Als Hilfsmittel helfen sie uns, das, was wir meinen, dem Pferd besser übermitteln zu können. Das Ziel ist dabei, so fein damit zu werden, dass wir sie irgendwann sogar weglassen können.

Die Hilfsmittel / Grundaus-stattung

Es ist deshalb wichtig, Materialien zu verwenden, die sich für beide Seiten gut anfühlen, und die die Energie möglichst 1:1 übertragen. Achten Sie also auf eine hochwertige Ausrüstung – es lohnt sich! Das Seilmaterial etwa muss uns auf der einen Seite erlauben, extrem fein mit dem Pferd zu kommunizieren, andererseits aber auch sehr effektiv zu sein.

Auch der Stick hat einige Vorteile, die die Zusammenarbeit zwischen Pferd und Mensch erleichtern. Der große Pluspunkt liegt ebenfalls bei der Energieübertragung. Der Stick hat kein Eigenleben und „sagt" daher immer nur das, was wir tatsächlich sagen. Weil er z. B. nicht zusätzlich wippt, erhöht sich auch die Energie nicht. Außerdem wird das Timing genauer: Er hört genau dann auf zu fragen, wenn wir auch aufhören.

Der Stick dient nicht zur Bestrafung, sondern hauptsächlich dazu, auch aus größerer Entfernung effektiv kommunizieren zu können. Alternativ zum Stick kann oft auch das Seilende diese Aufgabe erfüllen. Allerdings wird es mit zunehmendem Ausbildungsstand schwieriger, damit effektiv UND fein zu sein (etwa bei der Freiheitsdressur).

Wenn wir eine Übung mit dem Stick erklären, schließt das auch die Variante mit Seilende oder manchmal auch mit einer Gerte ein.

Bitte beachten Sie, dass man auch mit diesen Hilfsmitteln einem Pferd Schaden und Schmerzen zufügen kann, wenn man sie nicht bewusst einsetzt!

Die Vorteile der „natürlichen" Hilfsmittel

Ein guter Horseman kommt, wenn es sein muss, auch mit „normalem" Equipment gut zurecht, die „natürlichen" Hilfsmittel bescheren uns jedoch einige entscheidende Vorteile für eine erfolgreiche Kommunikation:

- Pferd und Mensch können sich gegenseitig fühlen.
- Menschen können sich sicher sein, wie viel Energie tatsächlich beim Pferd ankommt.
- Der Mensch erfährt unmittelbar die Reaktion des Pferdes.
- Der Mensch kann sofort nachgeben, wenn das Pferd die richtige Idee hatte (Timing).

Die folgenden drei Kapitel beinhalten Übungen zur Handhabung der Hilfsmittel.

Richtig aufhalftern

Sinn und Ziel

Das richtige Aufhalftern ist sehr wichtig. Es geht dabei nicht allein
darum, dass das Pferd am Ende ein Halfter anhat. Es ist nicht bloß ein
notwendiges Übel, sondern ein Vorgang, den Sie (wie auch das „Einfangen"; siehe S. 79) durchaus ernst nehmen sollten. Hier passiert
nämlich schon sehr viel zwischen Pferd und Mensch, und Sie verraten
Ihrem Pferd bereits beim Halftern so einiges über sich. Denn es gibt
hierbei eine Menge Möglichkeiten, ihm entweder Ihre Kompetenz oder
eben Ihre Inkompetenz zu beweisen.

*„Natürlich" aufhalftern ist
wichtiger, als man glaubt.*

Wir Menschen sind der Meinung, all das passiert erst dann, wenn wir das Führseil, die Zügel oder andere Hilfsmittel in die Hand nehmen und sie dazu benutzen, um unserem Pferd konkrete Fragen zu stellen. Doch gerade beim Halftern wird – besonders aus der Sicht des Pferdes – oft sehr deutlich, wie wenig Kontrolle Menschen eigentlich über die Situation oder das Pferd haben. Denn hier (in der Box, auf der Wiese …) müssen wir meist auf direkte Kontrollmittel wie Führstrick, Zügel, Halfter, Trense oder enge Zäune verzichten, durch die sonst gewissermaßen die freie Meinungsäußerung der Pferde verhindert wird. Das heißt, auch Sie können dabei schon viel über Ihr Pferd erfahren: über den Gemütszustand, die Einstellung Ihnen gegenüber usw.

Ganz nebenbei können Sie beim Halftern dem Pferd schon wichtige praktische Dinge näher bringen, etwa dem Gefühl des Halfters zu folgen, dass nachgeben besser ist als dagegen zu gehen und mitmachen besser als sich zu entziehen.

Aus diesen Gründen haben wir aus dieser scheinbar alltäglichen, unbeachteten Nebensächlichkeit eine eigenständige Übung gemacht.

Vorbereitung

Nehmen Sie die Nasenöffnung des Halfters zwischen den zwei Knoten in die linke Hand (die Vorderseite zeigt dabei zu Ihnen). Das Führseil legen Sie sich doppelt gelegt in die linke Armbeuge. Nun nehmen Sie das lange Ende des Halfters (Verschlussende) mit in die linke Hand.

Wenn Sie das Knotenhalfter so in die Hand nehmen, sind Sie bestens vorbereitet, um das Pferd sicher und bequem aufzuhalftern.

1

2 **3**

4  **5**

SCHRITT 1 *Stellen Sie sich links neben das Pferd (mit gleicher Blickrichtung), legen den rechten Arm über den Pferdehals und führen den linken Arm unter dem Hals hindurch – so als würden Sie es umarmen.*

SCHRITT 2 *Jetzt können Sie sich das Verschlussende auf der anderen Seite des Pferdehalses in die rechte Hand geben.*

SCHRITT 3 *Mit dem Halfter um den Hals haben Sie das Pferd bereits relativ sicher bei sich, da Sie Hals, Kopf und die Vorhand gut beeinflussen können (falls es weglaufen oder sich entziehen möchte).*

SCHRITT 4 *Nun sind Sie perfekt vorbereitet, um das Halfter mit Gefühl über die Nase des Pferdes zu streifen (ohne das Pferd festhalten zu müssen oder das Seilende über den Kopf zu werfen). „Streicheln" Sie das Halfter abwechselnd rechts und links schrittweise nach oben, bis die Nasenöffnung knapp unter den Jochbeinen liegt. Sie sollten dabei die Nasenöffnung des Halfters in der linken und das Verschlussende in der rechten Hand belassen. Unter Umständen justieren Sie den Knoten an der Kehle des Pferdes so, dass er in der Mitte sitzt.*

SCHRITT 5 *Knoten Sie das Halfter zu wie in der Abbildung. So knoten Sie das Halfter korrekt zu.*

Sie werden schnell merken, dass das Halftern immer leichter wird, das Pferd dabei immer ruhiger bleibt und das Aufhalftern so zu einem freundschaftlichen Zusammenspiel wird. Als langfristige Vorbereitung oder Erleichterung ist es auch sehr sinnvoll, wenn Sie vor dem Aufhalftern den Kopf des Pferdes senken können. Daraus ergeben sich interessante Herausforderungen, wie z. B. im Knien oder im Sitzen aufhalftern.

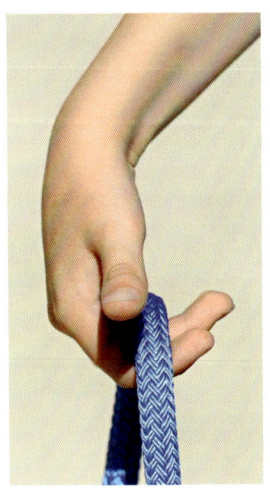

Horseman-Hände sind fast immer offen.

Die Seilführung

Die Seilführung variiert je nach Übung. Die Variationen werden wir in den jeweiligen Übungen genauer erklären. Es gibt jedoch einige wichtige Gemeinsamkeiten, die wir bereits hier erläutern möchten:
Sie sollten es sich zur Angewohnheit machen, das Seil nicht dauerhaft festzuhalten. Dieses typisch menschliche Verhalten verursacht meist unbewusst zu viel Energie, strahlt Unsicherheit aus und es nimmt Ihnen das Gefühl für das Pferd. Darüber hinaus fühlt sich auch das Pferd festgehalten oder gefangen, was bei ihm wiederum Unsicherheit, Konfrontation oder Gegendruck hervorruft. Jedenfalls macht es feine Kommunikation unmöglich. Lernen Sie also, das Seil in Ihrer offenen Hand zu tragen!

Die Hand, die mit dem Pferd verbunden ist (die Führhand), sollte das Seil immer nur einfach halten. Das ist sicherer und gibt Ihnen und dem Pferd ein unmittelbares Gefühl füreinander. Den Rest des Seils können Sie entweder in die andere Hand nehmen oder auf dem Boden liegen lassen.

Sie können das Seil verkürzen, indem Sie mit der zweiten Hand (Kreis) hinter die seilführende Hand greifen und das Seil mit viel Gefühl durch die Seilhand ziehen (Pfeil).

So können Sie das Seil verkürzen.

Zum Verlängern des Seils verfahren Sie ebenso, nur dass diesmal die seilführende Hand das Seil zum Pferd hin verlängert (Kreis).

Gewöhnen Sie sich an, das Seil immer möglichst lang genug zu lassen, damit Ihr Pferd sich nicht eingeengt fühlt. Achten Sie jedoch auch gerade bei unsicheren Pferden aus Sicherheitsgründen immer darauf, dass das Seil zwischen Hand und Halfter nicht auf dem Boden liegt. So verhindern Sie, dass das Pferd aus Versehen auf das Seil tritt, dabei erschickt und ein zu abruptes Gefühl am Halfter bekommt. Das können Pferde schlecht einordnen oder verbinden vielleicht den entstandenen Schmerz sogar mit Ihnen. Das Zauberwort bei der Seilführung heißt FLEXIBILITÄT.

Üben Sie das Handling des Seils

Tragen Sie das Seil mal links, mal rechts und achten Sie auf eine offene Hand. Verlängern und verkürzen Sie es so oft, bis es automatisch funktioniert. Gerne auch zunächst mit einem anderen Menschen!

Bei erfahrenen, entspannten und sicheren Pferden kann man später eine Extra- Übung machen, bei der das Seil zwischen Hand und Halfter auf dem Boden liegen darf bzw. soll. Bei dieser Übung lernt dann das Pferd seinen Teil dazu beizutragen, indem es nicht auf das Seil tritt. Aber bis auf Weiteres liegt diese Verantwortung erst einmal bei Ihnen.

So können Sie das Seil verlängern.

Seilführung

In diesem Film sehen Sie das richtige Aufhalftern und die Seilführung. Unter www.m.kosmos.de/ 14073/v2 erhalten Sie die gleichen Infos.

Fühlen üben

Führen Sie ohne hinzuschauen einen anderen Menschen am Seil und fühlen Sie, wann das Seil den Boden berührt oder wann zu viel Spannung auf dem Seil ist. Der Partner darf dies ruhig ein bisschen provozieren.

Auch wenn es nicht immer zu vermeiden ist: Versuchen Sie das Seil so zu benutzen, dass am Halfter (und damit am Pferdekopf) möglichst wenig Energie ankommt. Zu viel Energie ist für das Pferd unangenehm und führt dazu, dass es einen Ausweg sucht, anstatt eine positive Lösung zu finden. Auch macht man sich so abhängig vom Seil, d. h., man gewöhnt sich an, nur über das Seil zu kommunizieren anstatt über Körpersprache.

Die Handhabung des Sticks

Der Stick sollte nichts weiter sein als die Verlängerung Ihres Arms. Die meiste Zeit hängt er „neutral" nach unten, schleift sogar auf dem Boden. Wenn Sie den Stick einsetzen, dann nur bewusst! Entweder

1 *So ist der Stick neutral.*

2 *So nicht.*

1

2

1   **2**

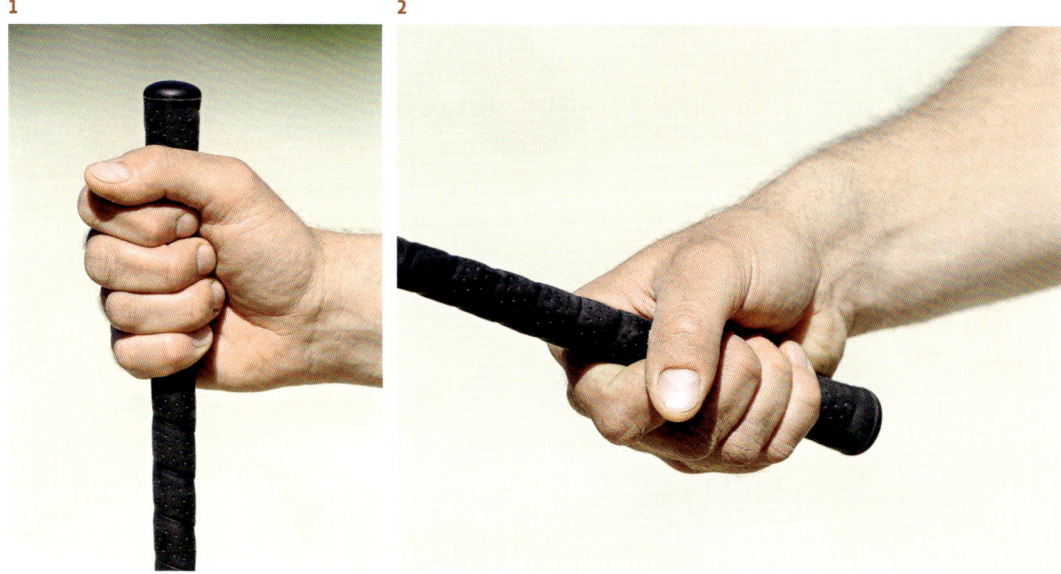

1–2 *Zwei Möglichkeiten, den Stick zu halten. Seien Sie flexibel und vertrauen Sie Ihrem Gefühl – es sollte sich immer natürlich anfühlen.*

wenn Sie eine Frage stellen und die Aufforderung der seilführenden Hand nicht ausreichend war oder zum Desensibilisieren bzw. zur Gewöhnung.

Den Abstand zum Pferd sollten Sie immer so wählen, dass Sie in der Lage sind, es zu berühren bzw. zu touchieren (mit Stick oder String).

Horsemanship-Sticks sind mit Absicht einigermaßen schwer und träge, damit man sie nicht als Peitsche benutzt und trotzdem effektiv sein kann. Sobald man genug Gefühl entwickelt hat, kann man auch Reitgerten oder andere Stöckchen verwenden. Der Stick dient also auch dazu, den Menschen zu schulen, die Hilfsmittel bewusster zu benutzen.

Grundsätzlich sollten Sie den Stick wie einen Tennisschläger in der Hand haben. Doch bei einigen Übungen ist es sinnvoll, ihn wie einen Skistock zu halten. Versuchen Sie auch, ihn immer am Ende und nicht irgendwo in der Mitte zu fassen. Später, mit mehr Übung und Gefühl, werden Sie automatisch flexibler damit umgehen können.

Üben Sie bei jeder Gelegenheit die Handhabung des Sticks: Machen Sie Zielübungen, wechseln Sie oft die Hand, werfen Sie ihn hoch und fangen ihn wieder auf; trainieren Sie besonders, die Energie mit Gefühl zu dosieren – von fein bis effektiv. Er ist ein anfangs ungewohntes, aber sehr wertvolles Hilfsmittel – wenn man mit ihm umzugehen weiß.

Das ABC
der Pferdekommunikation

Die Basis-Bausteine

Unter dem Pferde-ABC verstehen wir die Basis-Bausteine der Verständigung zwischen Pferd und Mensch mittels Körpersprache. Ganz grundlegend betrachtet wollen wir eigentlich nur zwei Dinge von unseren Pferden: Manchmal sollen sie auf irgendeine Weise auf uns reagieren – sie sollen etwas für uns tun, und manchmal sollen sie nicht auf uns reagieren – sie sollen uns etwas tun lassen. Anders gesagt: Entweder wir sensibilisieren oder wir desensibilisieren sie. Im ersten Fall haben wir zwei Möglichkeiten: Entweder wir sagen das, was wir wollen, indem wir sie direkt berühren oder ohne sie zu berühren.

Daraus ergeben sich die drei Basis-Bausteine des Pferde-ABCs:
1. das Konzept „Du bist nicht gemeint",
2. das Bewegen mit direktem Gefühl („mit Anfassen"),
3. das Bewegen mit indirektem Gefühl („ohne Anfassen").

Entscheidend ist dabei der Unterschied zwischen den Aussagen: „Jetzt will ich was von dir" und „Jetzt will ich nichts von dir". Um diesen Unterschied deutlich zu machen, haben wir die machtvollen Hilfsmittel Raum, Energie und Timing.

Mehr Wissen über diese Hilfsmittel und wie sie zusammenhängen, erfahren Sie genauer in den nächsten beiden Kapiteln, aber auch in den weiterführenden Übungen.

Der feine, aber entscheidende Unterschied:

1 Links sagen Körpersprache und Fokus: „Ich will nichts von dir!" Daher reagiert das Pferd nicht auf das schwingende Seilende.

2 Rechts sagen Körpersprache und Fokus: „Jetzt bist du gemeint", und deswegen weicht jetzt die Hinterhand dem schwingenden Seil.

1

2

Ein „Nein" ist nicht gleich ein „Nein"

Tut das Pferd nicht das, was Sie wollen, sagt es also „Nein", kann das dreierlei heißen:

1. „Ich weiß nicht, was du von mir willst." Sie haben also ein Kommunikationsproblem. Darum geht es in diesem Pferde-ABC-Kapitel und in den folgenden Übungen hauptsächlich.
2. „Ich kann nicht!" Das Pferd ist zu unsicher oder hat körperliche Schwierigkeiten, sodass es sich gerade mental, emotional und/oder physisch nicht in einem Zustand befindet, um die Antwort zu geben, die Sie sich vorgestellt haben.
3. „Ich mache es nicht!" Diese Antwort ist meist eine schlechte Nachricht hinsichtlich Ihrer Führungsqualitäten. Das Pferd glaubt Ihnen nicht. Nur bei wenigen Gelegenheiten sagen Pferde einfach so „Ich will nicht" oder „Ich hab keinen Bock!".

Nein sagen ist übrigens nie verboten! Versuchen Sie immer herauszufinden, was ein Nein gerade bedeuten könnte. Fragen Sie sich, wie Sie dem Pferd dabei helfen können, besser zu verstehen bzw. sicherer und motivierter zu werden. Und bitte hören Sie nicht auf Ihre innere Stimme, die – wie unsere oft auch – vorschnell jedes „Nein!" als absichtliche, persönlich gemeinte Widersetzlichkeit interpretiert.

Dem Pferd eine Frage stellen

Frage oder Befehl?

Die meisten Menschen haben das Gefühl, sie müssten ihrem Pferd ständig nur Befehle erteilen, anstatt nette Fragen zu stellen. Oft drückt der Befehl aber eher Unsicherheit aus. Der Mensch versucht, sich dadurch über das Pferd zu stellen, ohne hierfür tatsächlich gut genug zu sein. Auch stimmen häufig die Aussage des Menschen und das Gefühl, das beim Pferd ankommt, nicht überein. Pferde bekommen Angst vor den Menschen, und Menschen verlieren ihr Gefühl für das Pferd.

Es liegt uns deshalb sehr am Herzen, eine Kommunikation zu schaffen, die für beide Seiten nachvollziehbar und verständlich ist. Dem Pferd Fragen zu stellen, statt Befehle zu erteilen, ist für diese Art der Verständigung eine Selbstverständlichkeit.

Jemandem, der befiehlt, geht es um Macht und Kontrolle. Ursache und Resultat sind Unsicherheit und Abwehrhaltung. Der Fragensteller ist interessiert, er möchte etwas über sein Gegenüber wissen. Das fördert Empathie und Offenheit.

So sieht es aus, wenn ich dem Pferd eine Frage stelle.

Direktes Gefühl und indirektes Gefühl

Es gibt grundsätzlich nur zwei Möglichkeiten, dem Pferd durch unsere Körpersprache eine Frage zu stellen, die es versteht und auf die es sinnvoll antworten kann.

Das ist einmal das direkte Gefühl, bei dem wir dem Pferd durch eine Berührung eine Frage stellen. Dazu gehört beinahe alles, was mit Reiten zu tun hat: Über den direkten Kontakt mit dem Zügel, dem Sitz, den Schenkeln usw. übermitteln wir dem Pferd ein direktes Gefühl. Doch ebenso können wir Pferde auch vom Boden aus durch Berührungen bewegen, mit unseren Händen, dem Führseil, dem Halfter oder auch dem Stick.

Die andere Variante ist das indirekte Gefühl. Hierzu gehören alle körpersprachlichen Zeichen, mit denen man aus der Entfernung mit Pferden kommunizieren kann, also quasi ohne es „anzufassen". Das kann man sogar so fein gestalten, dass es von außen betrachtet scheint, als würde man nur über Gedanken kommunizieren. Aber auch Stimmkommandos fallen in diese Kategorie.

1

2

1–2 Die gleiche Frage einmal mit dem direkten und einmal mit dem indirekten Gefühl

Alle Übungen in diesem Buch, bei denen das Pferd aktiv etwas tun soll, funktionieren immer mit einer dieser beiden Varianten. Zum Lernen und Lehren ist es am Anfang sinnvoll, sie nicht zu vermischen. Sonst besteht unter anderem die Gefahr, Voreingenommenheit als superfeine Antwort zu interpretieren, obwohl in Wahrheit eher Unsicherheit oder Vermeidung dahintersteckt. Aber dazu später mehr.

Sinn und Ziel

Kontinuierliche Verfeinerung: Das Ziel von Kommunikation durch Körpersprache ist reitweisenübergreifend das gleiche: Das Pferd soll am Ende weichen. In diesem Wort ist ganz klar der Anspruch auf Weichheit und Feinheit im Umgang und im Training schon mit eingebaut. Und genau da geht dann auch meist die Schere zwischen Anspruch und Realität weit auseinander. Aus diesem Grund haben wir hier dem Thema, wie man Pferden eine Frage stellt, auch losgelöst von den eigentlichen Übungen, so viel Aufmerksamkeit gewidmet. Wenn Sie sich konsequent nach den unten beschriebenen Grundprinzipien richten, werden sowohl Sie als auch Ihr Pferd Ihre gegenseitige Kommunikation dauerhaft und langfristig weiter verfeinern. Ihre Fragen werden netter, die Antworten fühlen sich leichter und weicher an und Sie werden immer besser darin, schon Versuche und Bemühungen Ihres Pferdes zu entdecken und zu fördern.

Warum ist das überhaupt sinnvoll? Nun, bei allem, was sich nicht für beide Seiten weich und fein anfühlt, ist vermutlich irgendetwas

nicht in Ordnung und es besteht Handlungsbedarf. Außerdem haben
Sie doch sicher Ihr Pferd nicht deshalb, um Ihr Leben schwerer und
komplizierter zu machen, sondern leichter und harmonischer. Und
wenn Sie es Ihrem Pferd einfacher machen, dann werden Sie es auch
einfacher haben.

Entscheidend ist nicht, dass man eine Antwort bekommt, sondern
wie. Pferde zu bewegen ist keine Kunst – auf eine freundliche Frage
eine feine Antwort zu bekommen, schon.

Bewusster handeln: Wenn Pferdebedürfnisse und menschliche Wunsch-
bilder aufeinandertreffen, reagieren beide Seiten in der Regel über:
Es entsteht zu viel Forderung auf der einen Seite und zu viel Gegenwehr
auf der anderen. Konfrontation und Frust sind die Folge. Wenn Sie den
ersten Schritt zu bewussterem Handeln machen, werden Sie in Zukunft
mit einer positiveren und leichteren Einstellung mit Ihrem Pferd
„arbeiten". So werden Sie viel besser ein (direktes und indirektes) Gefühl
füreinander entwickeln.

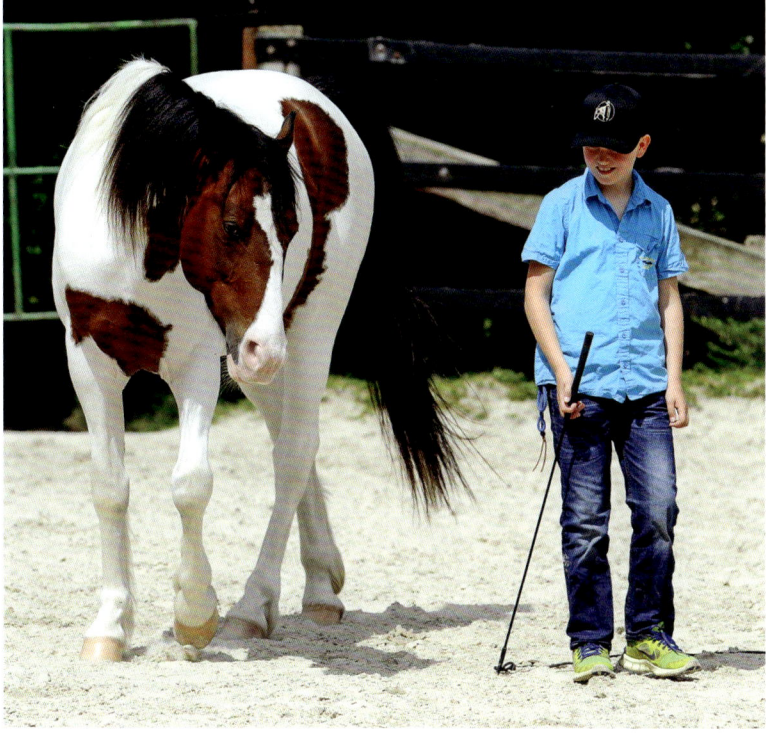

*Feine, weiche Kommunikation
und Körpersprache*

Grundlegende Gemeinsamkeiten

Das direkte und das indirekte Gefühl stützen sich trotz einiger Unterschiede auf die gleichen Eckpfeiler:

Die netteste Frage immer zuerst

Beginnen Sie immer mit der nettesten Frage, mit der feinsten Energie, die Sie sich vorstellen können. Auch und gerade dann, wenn das Pferd darauf auch nach mehreren Versuchen noch nicht reagiert. Wenn Sie ihm diese Einladung zur Feinheit nicht jedes Mal anbieten, wird es auch nie darauf antworten können und sich folglich auch nie angewöhnen, feiner zu reagieren.

Fokus

Schalten Sie jedes Mal gleichzeitig mit dieser höflichen Frage Ihre Energie und Ihren Fokus ein (Körperspannung, inneres Bild)! Lassen Sie sie eingeschaltet, bis die Frage beendet ist, also bis Sie eine Antwort vom Pferd bekommen haben.

Noch besser ist es, wenn Sie Ihre Frage überhaupt erst dann beginnen, wenn Sie ein (möglichst) genaues Bild davon im Kopf haben, wie die Übung aussieht: Welche Antwort wünschen Sie sich und wie sehen Ihre Phasen aus? Wenn Sie das nicht tun, wird Ihre Körpersprache nicht überzeugend sein! Auch werden Sie nie wissen, ob Ihr Pferd tatsächlich die gewünschte Antwort gibt, wenn Sie gar nicht wissen, wie diese aussehen soll. Das kann für das Pferd schnell frustrierend werden.

1 – 2 Eine Frage mit Fokus und eine Frage ohne Fokus – welche ist wohl überzeugender?

1

2

Die Energie schrittweise steigern

Reagiert das Pferd nicht auf die freundliche Frage, steigern Sie den Druck bzw. die Energie. Zum besseren Üben und Merken für uns Menschen hilft es, dies in einzelne Schritte zu unterteilen. Im Natural Horsemanship nennt man das gerne die Phasen. Mit jeder Phase stellen Sie die Frage gewissermaßen ein bisschen deutlicher. Es hat sich bewährt, die Steigerung der Energie in vier Phasen zu beschreiben.

Später dürfen und sollen die Übergänge zwischen den Phasen aber immer fließender werden. Nehmen Sie daher die „vier" Phasen nicht allzu wörtlich. Je nach Ausbildungsstand von Mensch und Pferd oder je nach Situation kann man die Energie etwas schneller oder langsamer steigern, und am Anfang und am Ende der Frage ist notfalls immer noch Platz für eine feinere Phase 1 und eine deutlichere Phase 4.

> Je besser Sie die Gemeinsamkeiten des Pferde-ABCs verinnerlichen, umso besser werden Sie es zu Wörtern, Sätzen und Ihren eigenen Geschichten zusammensetzen können.

Die Frage zu Ende stellen

Fahren Sie mit Ihren Phasen so lange fort, bis die „richtige" (die gewünschte) Antwort kommt. Aber nicht mit der Einstellung: „Du hast zu tun, was ich dir sage." Vielmehr hat das etwas zu tun mit Glaubwürdigkeit und damit, was das Pferd dabei lernt.

Wenn Sie aufhören zu fragen, ist das für Ihr Pferd in jedem Fall die Information „Richtig gemacht!" bzw. „So wirst du mich los!".

Wenn Sie also nicht auf die gewünschte Antwort warten, belohnen Sie ungewollt das „Falsche", oder Ihr Pferd merkt, dass man sich auf Sie nicht verlassen kann, weil Sie sogar bei einer einfachen Frage nicht konsequent sein können. Obendrein machen Sie sich noch unglaubwürdiger, wenn Sie das Pferd beim nächsten Mal vielleicht für etwas bestrafen, das Sie ihm selbst beigebracht haben.

Eine „angemessene" Phase 4 ist immer gerade so viel, dass das Pferd nach einer Lösung sucht, bzw. gerade ein bisschen mehr Energie, als es dagegenhält.

Ausnahmen: Mit einem sehr unsicheren, aufgeregten und angespannten Pferd oder einem, das sich erschreckt hat, ist es unter Umständen besser, Sie brechen die Frage bewusst ab und fangen noch mal von vorn an. Hier besteht allerdings auch kein großer Lerneffekt beim Pferd. Deshalb müssen Sie sich keine Sorgen machen, Ihrem Pferd womöglich etwas Ungewolltes beigebracht zu haben. Die Reaktion ist emotional und nicht rational.

Timing

Auf Grund der Notwendigkeit, die Frage zu Ende zu stellen, ist das Timing bei allem, was Sie tun, ein Dreh- und Angelpunkt. Etwas praxisnäher formuliert: Immer, wenn Sie aufhören zu fragen, sagen Sie Ihrem Pferd: „Jetzt hast du es richtig gemacht." Achten Sie daher darauf, wirklich im richtigen Moment („richtige" Antwort) sofort aufzuhören und die Übung zu beenden. Das tun Sie, indem Sie sich, je nach Situation, ganz zurückziehen, den Druck wegnehmen (Nachgeben/Loslassen), Ihre Energie und Ihren Fokus ausschalten, sich wegdrehen oder Ihr Pferd streicheln und sich darüber freuen.

Dabei gilt: Je schwerer die Frage oder je besser die Antwort, umso früher und größer die Pause!

Wichtig: Rechnen Sie mit der „richtigen" Antwort jedes Mal schon bei Ihrer feinen Frage, seien Sie aber ebenso bereit, konsequent mit der nötigen Energie die Frage zu Ende stellen zu müssen. Nur so werden Sie ein gutes Timing mit Ihrem wichtigsten Kommunikationsmittel haben: Ihrer Energie.

Nachgeben

Man kann eigentlich nicht genug betonen, wie wichtig das Nachgeben ist. Dauerdruck und Dauerzug sorgen nur dafür, dass dieser Zustand zum Standard wird und beim Pferd zur Gewöhnung führt. Ein bestimmtes Maß an Druck wird einfach zum neuen Nullpunkt. Alles, was für das Pferd dann noch eine Bedeutung haben soll, muss mehr sein als der Dauerdruck. Das ist eine todsichere Methode, um das Pferd und sich selbst immer weiter abzustumpfen. Außerdem bringt es Sie schnell an Ihre Grenzen (Pferde bleiben immer stärker als Menschen) und Sie machen sich für das Pferd unangenehm und unglaubwürdig. Halten Sie Ihr Pferd also niemals fest, sondern seien Sie immer flexibel mit dem Seil oder dem Zügel.

Klären Sie Voreingenommenheit und Unsicherheit

Oft reagiert ein Pferd schon, bevor Sie überhaupt etwas von ihm wollen. Das tut es in der Regel entweder aus Unsicherheit oder weil es voreingenommen ist. Es versucht dadurch etwas loszuwerden (Druck: Sind Sie tatsächlich ausgeschaltet?) oder es hört Ihnen nicht richtig zu – in jedem Fall haben Sie keine wirkliche Kommunikation miteinander.

Wenn Sie sich jedes Mal sofort um Unsicherheit und Voreingenommenheit kümmern, wird das Pferd Ihren Fragen viel besser zuhören können.

Sollte das passieren, erklären Sie Ihrem Pferd durch den Unterschied Ihres Fokus, Ihrer Energie und Ihres Timings, worauf es reagieren soll und worauf es nicht reagieren muss. Tun Sie das jedes Mal und unmittelbar, wenn es Missverständnisse gibt.

Wie das genau funktioniert, erfahren Sie im Kapitel „Du bist nicht gemeint" (S. 40).

Schritt für Schritt

Stecken Sie Ihre Ziele am Anfang nicht zu hoch. Es ist wichtiger, dass Ihr Pferd versteht, worum es geht, als dass es ausführt, was Sie wollen! Dazu ist es sinnvoller, nur einen Schritt, eine vage Idee oder den kleinsten Versuch zum Nachgeben zu belohnen. Wenn der erste Schritt sitzt, können Sie leicht darauf aufbauen. So haben Sie später einzelne Bausteine zur Verfügung, die Sie erweitern oder untereinander kombinieren können.

Bewegen mit direktem, stetigem Gefühl

Sie können das Pferd (bzw. einen bestimmten Körperteil des Pferdes) durch Berühren mit der Hand, dem Bein (beim Reiten) oder dem Seil bewegen. Der Mensch lernt dadurch, dem Pferd durch ein feines und direktes Gefühl eine freundliche Frage zu stellen.

Das Pferd lernt, dem Gefühl zu folgen bzw. nachzugeben. Übrigens nicht nur beschränkt auf Ihre Fragen. Irgendwann wird es das Nachgeben auch auf andere Situationen übertragen. So z. B. wenn es auf das Seil tritt, sich mit den Beinen im Gestrüpp verheddert oder mit dem Halfter irgendwo hängen bleibt. Die Chance, dass es panisch reagiert, verringert sich ebenso wie das Verletzungsrisiko.

Nur einige Möglichkeiten, um dem Pferd durch ein direktes Gefühl eine Frage zu stellen.

Durchführung

Streicheln Sie das Pferd zunächst genau an der Stelle, an der Sie die Frage stellen möchten (also dort, wo Sie Druck und Energie einsetzen). Falls es ein Problem damit hat, kümmern Sie sich sofort darum (siehe S. 40, „Du bist nicht gemeint").

Die Phasen für diese Art von Frage lauten grundsätzlich:

Phase 1: Berühren Sie nur die Haare des Pferdes (mit der Hand, dem Bein, mittels Halfter, Seil oder Zügel). Diese Berührung „wiegt" weniger als ein Streicheln! Vergessen Sie auch hierbei nicht den Fokus und das Einschalten Ihrer Energie.

Phase 2: Berühren Sie jetzt die Haut (nur berühren!).

Phase 3 und 4: Steigern Sie stetig den Druck (keine pumpenden Bewegungen, nicht „schieben"), bis das Pferd dem Gefühl weicht bzw. folgt.

Fahren Sie Ihre Phasen nicht zu schnell hoch, sonst wird das Pferd entweder überreagieren oder Ihre nette Frage gar nicht erst mitbekommen
(geschweige denn darauf antworten können). Wenn Sie allerdings zu
langsam steigern, sieht es womöglich keine Notwendigkeit, überhaupt
zu antworten. Zählen Sie am besten zwischen den Phasen ca. bis drei
oder vier – falls Sie sich bei all den neuen Informationen überhaupt noch
etwas merken können.

Übungen mit dem direkten Gefühl

Rückwärts

Stellen Sie sich rechts neben den Kopf des Pferdes mit Blickrichtung
zum Pferd. Legen Sie Ihre rechte Hand auf die Nase des Pferdes, unge-
fähr da, wo auch das Halfter liegt. Häufig bewegen Pferde jetzt schon
(oder auch während der Frage) ihren Kopf hin und her und hoch und
runter, um die Hand des Menschen loszuwerden. Wenn sie das schaffen,
versuchen sie es sicher beim nächsten Mal wieder. Also achten Sie
darauf, Ihre Hand auf der Nase zu lassen, indem Sie sie mit dem Kopf
mitbewegen. Vermeiden Sie Konfrontation, das heizt die Situation nur
unnötig auf, lassen Sie die Energie lieber ins Leere laufen. Nehmen
Sie Ihre andere Hand zur Sicherheit an den Halfterknoten – aber nicht
vorsorglich festhalten, nur wenn es nötig ist.

*Um das Pferd mit direktem
Gefühl rückwärts zu fragen,
liegt Ihre Hand etwa so auf
der Nase.*

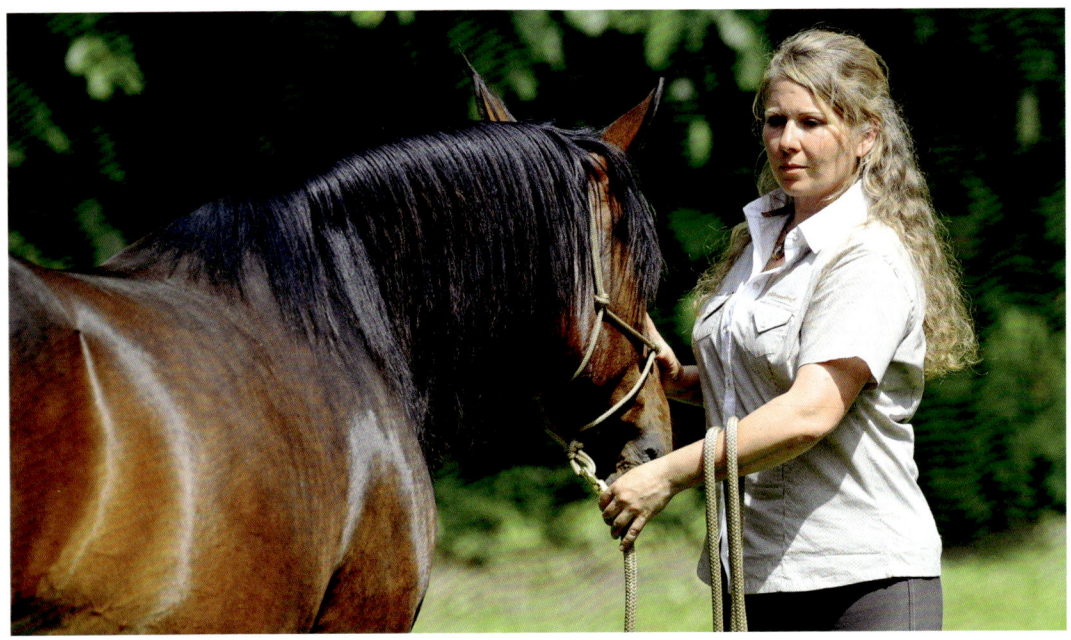

Die Frage beginnt mit Fokus.

Bleiben Sie dabei unbedingt noch neutral, also denken Sie noch nicht an das Rückwärtsweichen. Erst wenn das Pferd stillhalten kann, beginnen Sie mit der eigentlichen Frage:

Konzentrieren Sie sich und drehen Sie sich ein wenig, sodass Ihr Blick und damit Ihr Fokus dahin geht, wohin das Pferd weichen soll (vom Pferd aus also nach hinten). Suchen Sie sich einen Punkt weit hinter dem Pferd als Ziel für Ihren Fokus. Gleichzeitig beginnen Sie mit den auf S. 38 erklärten Phasen.

Schieben Sie aber das Pferd, wie gesagt, nicht nach hinten, sondern schließen Sie eher von beiden Seiten Ihre Hand immer etwas fester zusammen. Sobald das Pferd beginnt (!) nach hinten zu weichen, öffnen Sie Ihre Hand sofort wieder.

Vergessen Sie nicht, auch von der anderen Seite aus zu üben!

Den Kopf senken

Sie stehen wieder neben dem Kopf des Pferdes, diesmal mit gleicher Blickrichtung wie Ihr Pferd. Legen Sie die Hand, die näher am Pferd ist, auf den Mähnenkamm kurz hinter dem Halfter. Die andere Hand liegt wieder einsatzbereit am Halfterknoten. Beginnen Sie mit Phase 1.

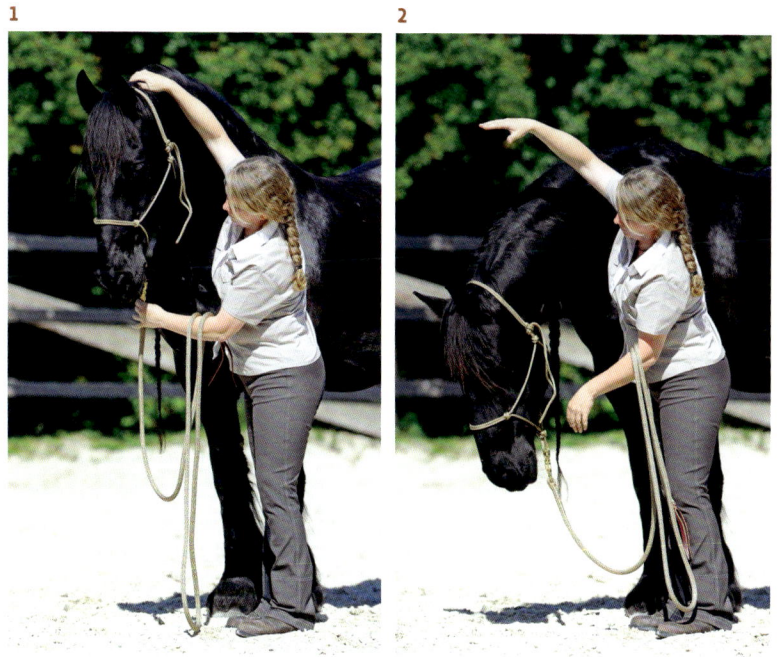

1–2 Senkt das Pferd den Kopf, bleibt die Hand des Menschen oben – das verhindert, dass Sie den Kopf hinunterdrücken.

Beachten Sie bei den Phasen das Gleiche wie beim Rückwärtsweichen (nicht runterdrücken, nur die Hand schließen!). Bei dieser Frage haben viele Pferde ein Problem. Sie haben den Reflex, den Kopf hochzureißen, wenn der Druck im Genick zu schnell zu groß wird. Fragen Sie also mit Gefühl. Statt den Druck immer weiter zu erhöhen, können Sie mit der Hand am Halfterknoten den Kopf langsam aber merklich nach rechts und links bewegen, um den festgehaltenen Hals etwas zu lösen.

Dem Gefühl am Halfter folgen

Nicht nur als Vorbereitung auf das Führen und Reiten ist es sehr hilfreich, das Nachgeben auf das direkte Gefühl des Halfters zu trainieren. Natürlich liegt das Halfter schon auf den Haaren des Pferdes auf, sodass Phase 1 und 2 bereits erreicht sind. Wenn Sie ein wenig Zeit und Sorgfalt investieren, werden Sie spüren, wie fein auch Ihr Pferd sich am Halfter vorwärts oder rückwärts fragen lässt oder mit dem Kopf nach links, rechts, oben oder unten weicht.

Übrigens können Sie das Gleiche auch mit vielen anderen Hilfsmitteln (z. B. dem Seil oder dem Stick) und an anderen Körperstellen üben.

Auch mit dem Halfter übermitteln Sie dem Pferd ein direktes Gefühl, dem es in alle Richtungen weichen bzw. folgen kann.

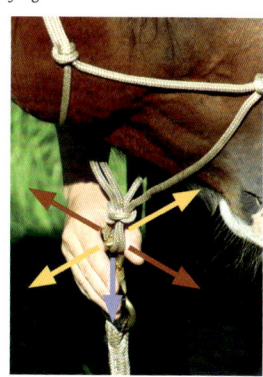

1    **2**

1 Die Grundposition, um die Hinterhand weichen zu lassen.

2 Streicheln Sie sich bei sensiblen Pferden freundlich an die empfindliche Flanke heran.

Weichen mit der Hinterhand

Hierbei ist Ihre Position neben dem Pferd – etwa auf Widerristhöhe mit Blickrichtung zum Pferd. Wenn Sie auf der linken Seite des Pferdes stehen, halten Sie das Seil locker in der linken Hand. Ihre rechte Hand liegt etwa da, wo Sie auch beim Reiten Ihren Schenkel haben, wenn Sie die Hinterhand beeinflussen wollen. Da das eine empfindliche Stelle bei Ihrem Pferd sein kann, streicheln Sie sich von der Sattellage aus dorthin – das müssen Sie nicht langsam tun, es soll nur verhindern, dass Sie das Pferd unvermittelt an einer empfindlichen Stelle berühren.

Bei den Phasen 1 und 2 berühren Sie mit der weit offenen Hand das Fell und dann die Haut des Pferdes. Zwei mögliche Varianten für die Phasen 3 und 4 wären: Entweder „kneifen" Sie langsam die Haut des Pferdes zusammen oder führen Sie Ihre Finger immer weiter zusammen, bis Sie am Ende nur noch mit dem Daumen piksen. Hierbei ist es besonders schwer, aber ebenso wichtig, nicht einfach zu schieben. Stellen Sie sich so hin, dass Sie nicht hinterher schieben, wenn das Pferd beginnt zu weichen.

Weichen mit der Vorhand

Stellen Sie sich neben den Hals, mit Blickrichtung zum Pferd. Legen Sie eine Hand ans Halfter, die andere an die Schulter oder die Gurtlage.

Beginnen Sie nun zuerst damit, am Halfter die Nase von Ihnen weg zu fragen. Erst wenn der Kopf von Ihnen weg weicht, verstärken Sie mit der anderen Hand auch die Phasen an der Schulter/Gurtlage (später brauchen Sie diese Unterscheidung nicht mehr zu machen). Wenn die Vorderbeine des Pferdes zur Seite weichen, gehen Sie einen Schritt mit. Lassen Sie das Halfter los, während Sie den Druck beenden und ausatmen. Falls Sie dies nicht tun, halten Sie den Kopf des Pferdes fest und es wird evtl. auch noch mit der Hinterhand weichen.

Achtung: Hierbei gehen unerfahrene Pferde gerne nach vorn oder hinten anstatt zur Seite. Sie mögen das Vorhandweichen nicht, da es anstrengend ist und Rangordnungsspielchen oft über das Weichen der Vorhand ausgetragen werden. Experimentieren Sie mit Ihrem Standort am Pferd: Wenn Ihr Pferd nach vorn geht, stellen Sie sich weiter nach vorn, um es zu blocken. Geht es nach hinten, stellen auch Sie sich etwas weiter in Richtung Schulter, damit Ihre Energie nicht von vorn kommt.

Diese Prinzipien gelten auch für alle anderen Gelegenheiten, bei denen Sie einen Körperteil des Pferdes in eine bestimmte Richtung bewegen möchten. Sie müssen sich lediglich jedes Mal fragen, wo sich welcher Körperteil hinbewegen soll und wo die Energie herkommen muss.

Weicht die Vorhand, lassen Sie den Halfterknoten los, damit Sie das Pferd nicht festhalten und die Vorhand so blockieren.

Die Ausgangsposition beim Vorhandweichen

Direktes und indirektes Gefühl

In diesem Film sehen Sie, was direktes und indirektes Gefühl bedeutet. Unter www.m.kosmos.de/14073/v3 erhalten Sie die gleichen Infos.

Bewegen mit indirektem, rhythmischem Gefühl

Sie lernen, das Pferd auch aus der Entfernung zu bewegen – ohne es zu berühren, fast wie durch Geisterhand.

Durchführung

Prüfen Sie immer, ob das Pferd vor oder nach Ihrer Frage stehen bleiben kann. Ist das nicht der Fall, kümmern Sie sich darum, indem Sie das Konzept von „Du bist nicht gemeint" anwenden (siehe S. 40).

Es gibt zwei Hauptunterschiede zum direkten Gefühl. Erstens übermitteln und steigern Sie die Energie nicht stetig, sondern rhythmisch – und zweitens kann die netteste Frage (Phase 1) je nach Spiel bzw. Übung viel individueller und vielfältiger sein. Aus diesem Grund haben wir auch viele Übungen mit dem indirekten Gefühl im Buch ausführlich beschrieben und das direkte Gefühl nur kurz anhand einiger Beispiele erläutert.

Phase 1: ist das eigentliche Signal. Sie benutzen also das Zeichen, was Sie später gerne als netteste und feinste Frage benutzen möchten. Mit der Zeit können Sie sogar diese erste feine Frage noch minimalistischer gestalten. Bei den Übungen hier im Buch können Sie sich auch gerne andere Zeichen als Phase 1 einfallen lassen, die Ihnen evtl. besser liegen.

Phase 2: besteht meist aus dem Heben des Sticks oder des Seilendes (Botschaft: „Ich hätte auch meinen Stick dabei").

Phase 3: Der Stick bzw. das Seilende bewegt sich rhythmisch in Richtung Pferd. Entweder in der Luft (kreisen) oder auf dem Boden (tapsen). Die Botschaft lautet hier: „Ich würde diesen Stick auch benutzen, um die Frage noch etwas deutlicher zu stellen."

Phase 4: Setzen Sie die rhythmische Bewegung am Pferd fort (touchieren); zuerst leicht, dann (wenn nötig) mit ansteigender Intensität. Orientieren Sie sich hierbei ein wenig an den Regeln für das direkte Gefühl: Touchieren Sie mit Stick oder später dem String erst nur das Fell, dann die Haut usw. Der Übergang zwischen Phase 3 und Phase 4 ist weich und fließend.

Auch falls Sie gerade keine bestimmte Übung vorhaben: Wenn Sie irgendetwas von Ihrem Pferd wollen, überlegen Sie sich jedes Mal, wie die netteste Frage lauten könnte, versuchen Sie die Frage zu Ende zu

Das indirekte Gefühl

stellen und legen Sie Wert auf gutes Timing. So werden Sie sich auch ohne detaillierte Anleitungen angewöhnen, freundlich und gerecht, aber gleichzeitig auch bestimmt und konsequent für Ihr Pferd zu werden.

Aus eins mach zwei

Um die Kommunikation zu verfeinern und um Pferd und Mensch die Gelegenheit zu geben zu verstehen, ist die beste Methode, zuerst nur nach einem einzigen Schritt zu fragen.

Wie aber kommt man von einem zu mehreren Schritten, ohne die Feinheit zu verlieren? Zuerst einmal sollten Sie den Leitsatz der kleinen Schritte beibehalten. Machen Sie aus einem Schritt also nicht sieben, sondern zwei usw. Auf diese Weise werden Sie später in der Lage sein, Ihr Pferd entweder nach einem, nach zwei oder nach sieben Schritten anzuhalten, weil Sie dann immer nur einen Schritt nach dem anderen fragen. Versuchen Sie deshalb auch wirklich erst einen einzelnen, guten Schritt auf eine feine Frage hin zu erhalten.

Dann gehen sie folgendermaßen vor: Schalten Sie sich nach dem ersten Schritt nicht aus, sondern gehen sie wieder zu Phase 1 zurück. Reagiert Ihr Pferd darauf nicht mit einem zweiten Schritt, beginnen Sie die Frage wieder deutlicher zu stellen, indem Sie zu Phase 2, 3 und 4 übergehen. Das wiederholen Sie so oft, bis Sie auf eine Phase 1 oder 2 zwei Schritte hintereinander bekommen.

Aus einem guten ersten Schritt werden bald mehrere gute Schritte.

„Du bist nicht gemeint"

Pat Parelli, der den Begriff „Natural Horsemanship" geprägt hat, hat auch für das unserer Meinung wichtigste seiner „Sieben Spiele" einen passenden Namen gefunden: das „Friendly Game". Dahinter steckt so viel, dass ihm ein einziger Begriff eigentlich nicht gerecht wird. Doch es gibt einen gemeinsamen Nenner, der sich in allen verschiedenen Facetten des „Friendly Games" wiederfindet, und das ist die grundlegende Botschaft an das Pferd: „Du bist nicht gemeint."

Pferde sind von Natur aus sehr leicht zu verunsichern. Das hat zur Folge, dass sie eigentlich bei fast allem, was wir tun, den Eindruck und die Sorge haben, dass sie damit gemeint sind. Und wenn wir ehrlich sind, ist das ja auch so. Schließlich ist der Grund, warum wir Pferde haben und zu ihnen in den Stall fahren, weil wir etwas mit ihnen tun möchten. Die Ursache für den Großteil der Probleme zwischen Pferd und Mensch liegt in dieser Zwickmühle: Wie können wir bei allem, was wir ständig von ihnen fordern, den Pferden auch glaubhaft vermitteln, dass wir doch ganz oft gar nichts von ihnen wollen?

In diesem Kapitel möchten wir Ihnen einige wertvolle Regeln an die Hand geben, die Ihnen in allen Situationen weiterhelfen werden, in denen sich Ihr Pferd angesprochen fühlt, obwohl es nicht gemeint ist.

Sinn und Ziel

Desensibilisieren: Sie können Pferden mit der Übung „Du bist nicht gemeint" nachhaltig helfen zu erkennen, worauf sie nicht zu reagieren brauchen. Das gilt für alle möglichen Berührungen, Geräusche, Bewegungen, Objekte und Situationen, die sie gerade als furchteinflößend wahrnehmen.

Danke sagen: Als Belohnung hat dieses Prinzip eine große Bedeutung. Indem Sie sich „ausschalten", die Frage beenden und auf Ihr Timing achten, können Sie sich bei Ihrem Pferd bedanken, denn durch die Botschaft „Du bist jetzt nicht mehr dran" gönnen Sie ihm eine echte Pause.

Neutrale Energie: Diese Übung ermöglicht Ihnen, durch Ihre „neutrale" Energie, dem Pferd Verantwortung zu übertragen. Es lernt dadurch, das, was es gerade tut, genauso weiter zu tun (also z. B. die Gangart beizubehalten). Dass es nicht gemeint ist, bedeutet dann in etwa: „Du brauchst jetzt nicht mehr, solltest aber auch nicht weniger machen."

Pferde entspannter machen: Je früher und sorgfältiger Sie dieses Grundprinzip bei Unsicherheiten Ihres Pferdes etablieren, umso schneller und gründlicher wird es sich in entsprechenden Situationen entspannen können. Und das Beste: Ist es erst mal etabliert, überträgt es sich bald auch auf andere Situationen und macht das Pferd generell sicherer.

Menschen sensibler machen: Der Mensch entwickelt einen Blick dafür, womit das Pferd ein Thema hat, wo Missverständnisse auftreten, was dem Pferd wirklich hilft – und was nicht. Darüber hinaus lernen wir, bewusster mit unserer Energie umzugehen, um die Pferde besser unterstützen zu können.

Weniger voreingenommen sein, Missverständnisse vermeiden: Pferde nehmen gerne Antworten vorweg. Sie hören Fragen, wo gar keine sind – sie denken, dass sie gemeint sind, obwohl das nicht der Fall ist. Diese Übung hilft ihnen, immer besser zwischen Aufgabe und Pause zu differenzieren. Uns Menschen ermöglicht sie darüber hinaus echte

Du bist nicht gemeint.

Reaktionen (z. B. auf Schmerzen) von solchen zu unterscheiden, die aus Vorurteilen der Pferde resultieren. Es passiert z. B. ab und zu, dass jemand glaubt, ein Pferd habe eine Kolik, weil es beißt, mit dem Schweif schlägt oder tritt, wenn man es an der Flanke anfasst. Doch nach dem Prinzip „Du bist nicht gemeint" können wir es nach wenigen Minuten problemlos dort anfassen, falls es keine wirklichen Schmerzen hat. So wissen wir, ob es eine Reaktion auf echte oder nur auf erwartete unangenehme Reize gezeigt hat.

Prophylaxe: Dieses Konzept sollte für Sie unbedingt zur Selbstverständlichkeit werden. Die meisten Probleme zwischen Pferd und Mensch haben hier die Ursache! Je besser Sie es verinnerlichen, umso weniger Probleme werden Sie haben.

Einstellung: Sie und Ihr Pferd können hier einen der wichtigsten Perspektivenwechsel für ein stressfreies Leben quasi live miterleben, nämlich wie Probleme zu Herausforderungen werden. Anstatt bei jeder Gelegenheit ein Problem zu sehen, sehen Sie bald in jedem Problem eine Gelegenheit. Und Ihrem Pferd wird es genauso gehen.

Voraussetzungen

Sehr gutes Ausschalten: wirklich nichts wollen; keine fordernde Energie; Fokus auf alles andere, nur nicht auf das Pferd; sehr gutes Timing.
Für Fortgeschrittene und/oder bei größeren Problemen: viel Gefühl, besonders für die Grenzen des Pferdes und seine eigenen Grenzen.

Das Grundprinzip

Das Grundprinzip heißt hier: Annäherung und Rückzug. Sie operieren zusammen mit Ihrem Pferd immer ein wenig an der Grenze seiner Komfortzone; mal ein bisschen außerhalb, dann wieder innerhalb dieser Grenze. Für jede Situation und jedes Thema sieht die Umsetzung etwas anders aus, aber es gibt wieder einige übereinstimmende Grundregeln. Dieses „Verfahren" ist nicht als einmalige, geradlinige Aktion gedacht, sondern wiederholt sich jedes Mal, wenn sich die Grenze oder Angstschwelle des Pferdes ein bisschen erweitert hat. Dadurch gewöhnt sich das Pferd nach und nach an das, was es unsicher macht, es erkennt, dass es eine Lösungsstrategie an die Hand bekommt oder es lernt eben zu unterscheiden, welche unserer Verhaltensweisen ihm gilt und welche nicht.

Annäherung und Rückzug ist ein grundlegendes Konzept im Pferdeleben. Für uns Menschen ist es besonders wichtig, den Rückzug nicht zu vergessen. Man kann nie genug Rückzug machen!

Die Spielregeln

Bleiben Sie locker, auch wenn die Reaktionen etwas heftiger ausfallen.

Regel Nr. 1: Keinerlei fordernde Energie, keinen Fokus auf das Pferd. Die Botschaft lautet: „Ich will nichts von dir" bzw. „Du bist gerade nicht gemeint". Vermeiden Sie daran zu denken, was das Pferd nicht tun soll. Und schauen Sie es (oder einen bestimmten Körperteil) auch nicht direkt an. Pferde sind, gerade wenn sie unsicher sind, sensibler auf Druck, als Sie es sich vorstellen können. Pferde sehen an Ihrer Körpersprache, woran Sie denken, oder was Sie wollen. Hier lohnt es sich sehr genau auf sich selbst aufzupassen: Oft tut oder denkt man unbewusst Dinge, von denen man gar nicht vermutet, dass sie für das Pferd schon Druck bedeuten.

Regel Nr. 2: Finden Sie heraus, wann genau, bei welchem Reiz, in welcher Intensität das Pferd beginnt unsicher zu werden bzw. zu reagieren.

Genau das ist Ihr Ansatzpunkt. Handeln Sie jetzt, nicht erst wenn es panisch wird, sich losgerissen oder den Reiter abgesetzt hat. Pferde

weisen schon viel früher und dezenter darauf hin, dass es bald ein Problem geben könnte. Je früher Sie solche Hinweise erkennen, umso effektiver und einfacher können Sie helfen. Bevor Sie ein Problem bekommen, hatte das Pferd schon lange vorher eines und hat Ihnen das auch schon gesagt!!

Regel Nr. 3: Bleiben Sie dran und kümmern Sie sich um das Problem – jetzt und hier!

Das bedeutet zweierlei: Erstens, gehen Sie nicht darüber hinweg und zweitens, hören Sie nicht auf. Fahren Sie mit gleicher Intensität fort, auch oder gerade wenn das Pferd unsicher reagiert.

1
2

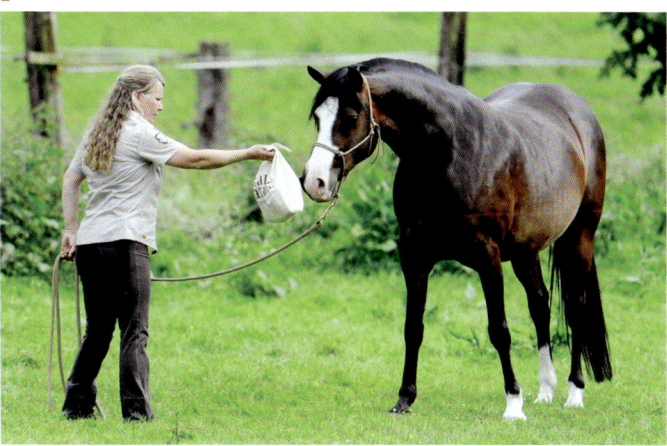

1 – 2 *So kann positive
Veränderung aussehen.*

Regel Nr. 4: Timing! Hören Sie bei positiver Veränderung sofort auf.

Sobald das Pferd stehen bleibt, entspannter wird, weniger heftig oder gar nicht mehr reagiert, hören Sie auf zu tun, was Sie tun (Rückzug!!!).

Problemlöser

Halten Sie sich an diese wenigen Regeln, so werden Sie zum echten Problemlöser für Ihr Pferd. Sie können ihm Lösungen anbieten, statt seine natürlichen Reaktionen zu verhindern oder gar zu verbieten. Es wird seinen Kopf einschalten und sich entspannen, anstatt furchtbare Situationen einfach nur auszuhalten und zu ertragen. Besonders bei introvertierten Pferden muss man sehr genau auf diesen feinen, aber entscheidenden Unterschied achten.

Gerade beim „Friendly Game" liegt nur ein schmaler Grad zwischen der Flucht nach innen und wirklicher Entspannung. Es ist nicht immer die perfekte Lösung möglich, aber Sie lernen durch diese Übung, sich bewusster zu machen, was gerade passiert, und wie Sie und Ihr Pferd darauf sinnvoll reagieren können. Das führt automatisch zu einer positiveren Veränderung.

Geduld und Zeit

Dieser Prozess braucht Zeit und Wiederholung. Mit diesen Regeln, viel Gefühl und Erfahrung kann man zwar auch schnell spektakuläre Ergebnisse erreichen. Manchmal braucht es nur eine einzige positive

Erfahrung für eine dauerhafte Veränderung. Doch andererseits haben Pferde u. a. deshalb Millionen von Jahren überlebt, weil sie als Flucht-tiere lieber zuerst reagieren und dann denken. Dieses Programm zu über-schreiben ist schwer und meist braucht es einen langen Umweg über Konditionierung hin zur echten Überzeugung „Alles ist in Ordnung".

Seien Sie also geduldig und denken Sie nicht: „Du musst/sollst jetzt still halten", sondern „Du kannst/darfst jetzt ruhig bleiben". Vermit-teln Sie Ihrem Pferd nicht „Du darfst nicht reagieren", sondern „Du brauchst nicht zu reagieren". Sonst haben Sie keine Chance, Regel Nr. 1 umzusetzen und Ihr Pferd wird sich nie entspannen.

Beispiel: Desensibilisieren bei Unsicherheit

Sie merken, dass das Pferd ein Problem damit hat, mit dem Stick berührt zu werden: Es weicht oder wird unsicher (Regel Nr. 2).

Überprüfen Sie Ihre Energie (Regel Nr. 1). Erhöhen Sie nicht die Intensität, berühren Sie keine andere Körperstelle, an der das Problem vielleicht noch schlimmer ist (= „Dein Problem ist mir egal"). Nehmen Sie den Stick aber auch nicht weg; damit helfen Sie dem Pferd nicht, das Problem zu lösen, sondern bestärken die Flucht- oder Abwehr-reaktion sogar noch (Regel Nr. 3).

Lassen Sie stattdessen den Stick wo er ist. Sollte das Pferd sich bewegen wollen/müssen, gehen Sie mit ihm mit (nicht treiben) und warten Sie ab – Pferde suchen immer irgendwann nach einer anderen Lösung, wenn eine Strategie nicht funktioniert.

Wenn es stehen bleiben kann und/oder sich entspannt, nehmen Sie den Stick sofort weg (Regel Nr. 4). Achten Sie während der gesamten Übung auf entspannte Energie!

Beispiel: Voreingenommenheit

Stellen Sie sich vor, Sie haben Ihrem Pferd mehrmals hintereinander die gleiche Aufgabe gestellt, z. B. dass die Hinterhand weichen soll, wenn Sie sich mit Fokus und entsprechender Körperhaltung darauf zubewegen (siehe Hinterhandübung, S. 61). Nun wird die Hinterhand evtl. auch schon weichen, wenn Sie sich einfach so, ohne Intention, zum hinteren Ende Ihres Pferdes in Bewegung setzen. Sie müssen nun besonders darauf achten, dass Sie das auf jeden Fall mit ausgeschalteter Energie und ohne Fokus tun (Regel Nr. 1).

Die Botschaft: „Du bist nicht gemeint!", ist auch die Lösung vieler Probleme, von denen man es gar nicht vermutet hätte. Machen Sie sie also zum Grund-ton Ihrer Arbeit mit Pferden.

Hier hat Micky noch nicht
gemerkt, dass er nicht gemeint
ist und weicht mit der Hinterhand, obwohl Peers Fokus ganz
woanders ist.

Sobald Ihr Pferd dann trotzdem weicht (Regel Nr. 2), gehen Sie weiter
und brechen Sie die Übung nicht ab, d. h. bleiben Sie nicht stehen und
korrigieren Sie das Pferd auch nicht (Regel Nr. 3).

Halten Sie Ihre Position neben der Hinterhand, und streicheln Sie
mit dem Stick oder der Hand so lange die Kruppe, bis das Pferd stehen
bleibt.

Dann erst hören Sie auf zu streicheln und gehen wieder an Ihre
Ausgangsposition vorn am Pferd zurück (Regel Nr. 4).

Weitere Beispiele

Für wirklich alles, wobei das Pferd Probleme hat oder voreingenommen ist, gelten die beschriebenen Grundregeln 1 – 4. Also z. B.:
- für Probleme bei Berührungen mit Seil, Plane, Händen (besonders
  Tierarztbehandlungen), beim Hufe geben/bearbeiten etc.,
- beim Satteln, Losgehen beim Aufsteigen, Unsicherheit beim Aufsteigen,
- bei Angst vor furchteinflößenden Objekten/Orten wie etwa Pfützen
  oder Engpässen (siehe S. 155).

Selbst bei gut und lange ausgebildeten Pferden gibt es jeden Tag viele
Möglichkeiten, um diese Prinzipien zu vertiefen.

Du bist nicht gemeint

In diesem Film
sehen Sie die
Übung „Du bist
nicht gemeint".
Unter www.m.kosmos.de/
14073/v4 erhalten Sie die
gleichen Infos.

Häufige Probleme und Lösungen

Unkontrollierbare Überreaktion des Pferdes

Am Anfang sollten Sie sich streng nach Regel Nr. 2 richten. Das ist zwar nicht immer möglich, z. B. wenn das Pferd vor plötzlich auftretenden Störungen erschrickt. Doch wenn man gelernt hat, Pferde aufmerksam zu beobachten, wird das eher die Ausnahme bleiben. Versuchen Sie also, schon die kleinste Unsicherheit zu bemerken. Nur so werden Sie die Kontrolle über die Situation haben und Ihrem Pferd helfen können!

Sollte es dennoch zu Überreaktionen kommen, bewegen Sie sich mit dem Pferd mit, wenn möglich auf einem kleinen Kreis. Wird es zu wild für Sie: Keine Panik, brechen Sie ab und beginnen mit geringerer Intensität wieder neu (weniger Geräusch, weniger Bewegung, größerer Abstand etc.).

Fühlen Sie sich hierbei unsicher, holen Sie sich auf jeden Fall Hilfe beim Profi!

Mit steigender Beobachtungsgabe und Erfahrung bringen Sie auch Überreaktionen des Pferdes kaum noch aus der Ruhe.

Es tritt keine Gewöhnung ein

Stimmt Ihr Timing? Bleiben Sie wirklich konsequent dran und warten, bis eine deutliche Änderung hin zu Entspannung eintritt? Haben Sie die Schritte klein genug gemacht? Sind Sie frei von jeglicher fordernder Energie?

Wenn Sie all das beachtet haben, kann es noch sein, dass das Pferd den Reiz nicht nur mit unangenehmen Erwartungen verbindet, sondern ihn tatsächlich als schmerzhaft wahrnimmt. Dann ist eine Gewöhnung schwierig bis unmöglich. Hier haben Sie, wenn überhaupt, nur dann eine Chance, wenn Sie zunächst mit anderen Reizen das Prinzip etablieren.

> Je mehr es Ihre Intention wird, Ihrem Pferd bei Problemen zu helfen, anstatt ein Ergebnis zu erzielen, umso schneller werden Sie das gewünschte Ergebnis tatsächlich erreichen. Ihr Pferd wird schnell merken, dass Sie sich um sein Problem kümmern und nicht einfach etwas fordern.

Das Pferd versteht „Danke" nicht als „Danke"

Haben Sie Ihre fordernde Energie wirklich völlig ausgeschaltet? Das kann schwer sein, besonders wenn vorher viel Energie im Spiel war. Achten Sie außerdem genau auf Ihr inneres Bild. Es darf nicht heißen: „Ich will, dass du nicht reagierst!" Denken Sie eher: „Du darfst zwar reagieren, brauchst du aber nicht." Im ersten Fall wollen Sie etwas, im zweiten nicht. Energetisch ist das für das Pferd ein enormer Unterschied.

Herausforderungen: So geht es weiter

Die Möglichkeiten und vor allem Gelegenheiten für dieses Prinzip sind schier grenzenlos. Die Menschenwelt ist ein endloser Spielplatz, wenn Sie Spaß an der Herausforderung gefunden haben, Ihrem Pferd bei der kleinsten Unsicherheit zu helfen. Sie können es an lautes Peitschenknallen oder gar Schüsse und Feuerwerkskörper (Polizeipferde) gewöhnen.

Grundsätzlich geht es darum, die Intensität zu steigern: Sie können es nach und nach gegenüber lauteren Geräuschen, schnelleren Bewegungen und sogar unangenehmen Berührungen immer besser desensibilisieren. Auch sollten Sie den wichtigen Unterschied zwischen „Jetzt will ich was von dir" und „Jetzt will ich nichts von dir" auf ein immer feineres Niveau bringen.

Die größte Herausforderung bleibt für uns aber die Angewohnheit, die meiste Zeit wirklich nichts von unseren Pferden zu fordern. Denn dann haben wir einfach mehr von unserer Beziehung zu Ihnen.

Sicherheit

Die Privatzone

Sinn und Ziel

„Wer bewegt wen?" – Das ist die Frage, die in der Pferdeherde maßgeblich mitbestimmt, wer wo auf der Karriereleiter landet. Doch einem Boss, der andere drangsaliert und mit Aggression seine Platzansprüche durchsetzt, schließt sich kein Pferd gerne an. Ein guter Herdenführer braucht zwar den Respekt der anderen Pferde, sieht aber seine „Stärke" als Verantwortung für die Sicherheit der Herde. Sein Durchsetzungsvermögen wirkt auf den Rest der Herde also vertrauensbildend. Solche Pferde können durch die Art und Weise, wie sie sich Raum verschaffen, gleichzeitig ihre Verlässlichkeit unter Beweis stellen.

Die Frage: „Kannst du mich bewegen oder lässt du dich bewegen?", kann man auch umformulieren zu: „Bist du stark genug, um auf uns bzw. mich aufzupassen?" Unsere Variante der Privatzone wird Ihnen dabei helfen, diese Frage mit „Ja" zu beantworten und eine verlässliche Führungspersönlichkeit für Ihre Zweierherde zu werden.

Wenn Sie freundlich, aber bestimmt Ihren persönlichen Raum beanspruchen können, werden Sie für Ihr Pferd verlässlicher.

Wer bewegt wen?

Sie selbst profitieren davon, weil Sie viel sicherer und souveräner werden. Wenn Sie ohne großen Aufwand für Abstand zwischen sich und Ihrem Pferd sorgen können, brauchen Sie kein Drängeln, Kicken, Schubsen, Steigen, Beißen, auf die Füße treten oder Überrennen mehr zu fürchten. Pferde machen diese Dinge ohnehin nicht absichtlich. Meist sind wir selbst dafür verantwortlich, weil wir es ihnen unbewusst beibringen oder es zumindest zulassen. Machen Sie sich aber deswegen

Selbst mit aufgeregten Pferden können Sie sich in Ihrer Privat-zone sicher fühlen.

keine großen Vorwürfe, das ist nur allzu verständlich! Das Problem liegt ganz einfach im ungleichen Größen- und Stärkenverhältnis: 500 kg gegen 70 kg – im Zweifel weichen wir lieber aus!

Damit sich das ändert, soll Sie diese Übung sensibel dafür machen, wie oft Sie Ihren persönlichen Raum freigeben und Pferden dadurch erlauben, Sie umzurennen und zu drängeln, schubsen und Ihnen auf die Füße zu treten. Sie werden so in Zukunft bewusster auf die Frage „Bist du stark?" achten und viel seltener die Antwort geben: „Nein, wenn du kommst, gehe ich aus dem Weg." Am Ende wird Ihnen genau diese Angewohnheit ermöglichen, gefahrloser und entspannter Nähe zulassen zu können.

Überblick verschaffen – im wahren und übertragenen Sinn: Stehen Sie nah am Pferd, sehen Sie lediglich den Kopf des Pferdes und das, was sich auf Ihrer Seite des Pferdes abspielt. Sogar was vorne passiert, bekommen Sie nicht mehr mit, sobald das Pferd ein bisschen den Kopf zu Ihnen dreht. Mit Abstand sehen Sie dagegen das ganze Pferd, Sie sehen das, was das Pferd sieht und können die Gesamtsituation überblicken. All das benötigen Sie, um aus der Sicht des Pferdes qualifizierte Entscheidungen zu treffen.

Fluchttierverhalten nicht unterdrücken: Auch die Pferde selbst kommen viel besser damit klar, nicht festgehalten zu werden. Als Fluchttier ist Platz und Bewegungsfreiheit ihr höchstes Gut.

Wie oft sagen Sie dem Pferd: „Ich weiche aus, wenn du kommst" – besonders in kleinen alltäglichen Situationen?

1 *Nähe lässt nur wenig Überblick zu.*

2 *Mit etwas Abstand sind weitsichtigere Entscheidungen für Ihre Zweierherde möglich.*

1

2

Unser natürlicher Reflex, Pferde kurz zu halten, um sie zu kontrollieren, macht diese leider gerade in Stresssituationen noch unsicherer.

Ist diese eingeschränkt, staut sich die Fluchtenergie auf und kommt heftiger an die Oberfläche, als wenn das Pferd Gelegenheit hat, eben mal kurz zur Seite zu hüpfen.

Ihren Standpunkt vertreten: Sie üben hier präsent und authentisch zu sein, im wahren Wortsinn Ihren Standpunkt zu vertreten. Sie lernen energisch zu agieren, ohne emotional zu werden. Ohne Training ist Effektivität meistens mit (negativen) Emotionen verbunden. Dadurch steigt unser Ansehen als kompetenter, sprich vertrauenswürdiger Chef natürlich nicht gerade.

Die Privatzone ist die beste Versicherung, die Sie mit Pferden vom Boden aus haben können. Nehmen Sie diese Übung sehr ernst – sie kann Leben retten!
Dies ist eine absolut grundlegende Übung und wird Sie erst in die Lage versetzen, wirklich handlungsfähig zu sein, um dann andere Dinge tun zu können.

Wenn Sie Ihre private Zone sichern können, befähigt Sie dies:
1. (mental) stark, selbstbewusst und handlungsfähig zu sein, ohne aggressiv zu werden,
2. mit geringem Aufwand sehr effektiv zu handeln und
3. dabei noch das Vertrauen Ihres Pferdes zu gewinnen, anstatt es aufs Spiel zu setzen.

Vorbereitung

Dies ist eine Sicherheitsübung; es geht um Effektivität und daher können Sie sich in einer Echtsituation nicht vorbereiten! Zum Üben allerdings ist es wie immer sinnvoll, auf einige Dinge zu achten und sich einige Dinge im Vorfeld bewusst zu machen.

Noch mehr als bei anderen Übungen ist es hier weniger die Aufgabe des Pferdes etwas zu lernen oder etwas Bestimmtes zu tun, sondern es ist eine Übungssache für den Menschen.

Falls Sie ein Pferd haben, das Sie überfordert, weil es zu aufgeregt, zu distanzlos oder zu groß ist, leihen Sie sich zum Üben ein anderes aus, oder üben Sie mit einem menschlichen Partner.

Vorbereitung ist hier also eher so zu verstehen: Üben Sie, wenn Ihr Pferd entspannt ist, damit Sie gut vorbereitet sind auf den Ernstfall.

Wichtige Grundregeln

- Es geht NICHT darum, das Pferd rückwärts- oder wegzuschicken – es geht überhaupt nicht um das Pferd, sondern nur um IHREN persönlichen Bereich. Das Pferd steht nur zufällig in diesem Raum und hat selbst die Verantwortung darauf zu achten, was Sie in Ihrem

Aggressives Rückwärtsrichten macht uns weder souveräner noch vertrauenswürdiger und verschafft uns auch nicht wirklich Raum.

Privatbereich tun. Das führt zu weniger Konfrontation. Die Botschaft lautet: „Achtung, hier steht jemand!" bzw.: „Ich bin ein freundlicher Mensch, der gerade etwas Platz braucht, allerdings bestehe ich auch darauf", und nicht: „Geh weg!"

- Wenn Sie sich zusammen mit dem Pferd bewegen, sollten Sie am Anfang einen fixen Mindestabstand wählen, so lernt das Pferd schneller, worum es Ihnen geht (siehe Führübung S. 66).
- Je aufregender und unsicherer die Situation für Pferd und Mensch ist, umso größer sollte die Privatzone sein.
- Auf der anderen Seite sollten Sie natürlich, falls es möglich ist, gar nicht erst abwarten, bis Sie ein panisches Pferd haben oder schon weggedrängelt worden sind. Auch wenn diese Übung eigentlich für Situationen gedacht ist, die schon nicht mehr entspannt sind: Im ersten Moment, in dem Sie sich bedrängt fühlen, beanspruchen Sie schon Ihren Raum.
- Seien Sie beim Ein- und Ausschalten so schnell wie das Pferd.
- Wenn möglich, beginnen Sie fein. In Stresssituationen müssen Sie aber sofort mit bestimmter, aber freundlicher Energie präsent sein.
- Achten Sie trotzdem darauf, auch während der Übung locker zu bleiben.
- Zum Üben benutzen Sie am besten den Stick, im Ernstfall seien Sie kreativ mit dem, was Sie gerade haben.
- Beanspruchen Sie, wenn möglich, immer Ihren gesamten Raum, nicht nur in der Richtung oder in der Höhe, in der das Pferd sich gerade befindet.
- Üben Sie, bis Sie und Ihr Pferd von Ihrer Privatzone überzeugt sind, dann bestehen Sie nur noch darauf, wenn Sie sie wirklich brauchen. (Es schadet allerdings auch nicht, wenn Sie gelegentlich prüfen, ob die Privatzone bei Ihnen und Ihrem Pferd noch da ist.)
- Sie brauchen keine Angst zu haben, Ihr Pferd ab jetzt nur noch aus der Entfernung sehen zu dürfen. Sie sollen sich künftig lediglich entscheiden können, ob, wann und wie viel Nähe Sie zulassen wollen und können. Denn nur, wenn Sie für Distanz sorgen können, können Sie sich gefahrlos für Nähe entscheiden – sonst entscheidet das Pferd für Sie.
- Auch die Sorge, dass Ihr Pferd Sie nicht mehr mag, weil Sie es wegschicken, ist unberechtigt. Es wird Sie eher positiver wahrnehmen.

Wenn man für Distanz sorgen kann, kann man auch Nähe zulassen.

PHASE 1

PHASE 2 – 3

PHASE 4

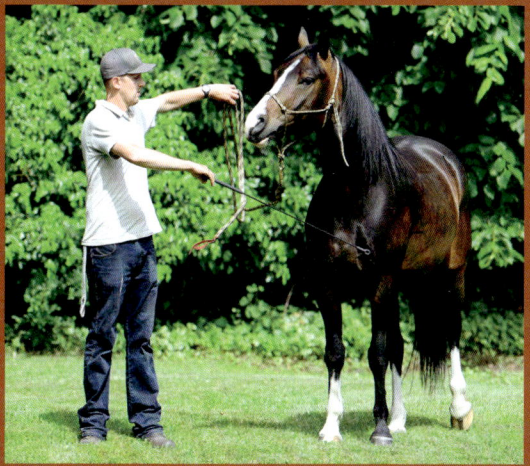

BELOHNUNG

Für diese Übung ist es wenig sinnvoll, sich auf eine einzige Abfolge von Phasen zu beschränken, da man sehr flexibel sein muss, um wirklich effektiv zu sein. In verschiedenen Situationen können ganz andere Aspekte im Vordergrund stehen. Daher beschreiben wir hier nur ein Übungsbeispiel (die Rundumprivatzone) und danach noch einige nützliche Varianten. Stellen Sie sich neben die Schulter des Pferdes. Dann bewegen Sie Ihre Füße nicht mehr von der Stelle (stellen Sie sich z. B. auf einen Eimerdeckel, um sich selbst zu überprüfen). Als Hilfe können Sie einen Kreis als gewünschte Privatzone um sich herumziehen (ca. 150 cm).

PHASE 1 Drehen Sie den Oberkörper hin und her (und hören damit auch während der nächsten Phasen nicht auf). Dabei nehmen Sie Ihre Ellbogen ein wenig nach außen.

PHASE 2 – 3 Breiten Sie Ihre Arme immer weiter aus (ggf. auch nach oben und unten).

PHASE 4 Tapsen Sie das Pferd mit Stick, Seilende oder den Armen (je nachdem, wo Sie stehen).

Als „Belohnung" schalten Sie sich aus, wenn das Pferd Ihnen Platz gemacht hat. Falls es vor der Übung Ihre Nähe gesucht hat, können Sie jetzt auch wieder zu ihm hingehen und ihm die Nähe geben, die es offensichtlich gesucht hat. Aber nur soweit es Ihre Sicherheit und die Aufdringlichkeit des Pferdes erlauben.

Nützliche Varianten

Der Hampelmann

Der „Hampelmann" empfiehlt sich besonders bei Pferden, die beim Führen gerne überholen, da er eine deutliche Grenze zu Ihren beiden Seiten hin setzt. Aber auch bei vielen anderen Gelegenheiten leistet er gute Dienste, z. B. wenn Ihnen auf der Wiese eine ganze Pferdeherde von allen Seiten auf die Pelle rückt. Wir setzen ihn z. B. bei unserem Unterricht mit Kindern mit großem Erfolg ein. Energie und Raum werden dabei optimal genutzt und die Botschaft an das Pferd ist deutlich, aber trotzdem nicht aggressiv – am anderen Ende des Seils steht ja schließlich ein Hampelmann.

Der Hampelmann ist bei Kindern beliebt und ermöglicht es, ohne Aggression Raum zu beanspruchen.

Rückenschwimmen

Bei Pferden, die direkt von hinten drängeln, sorgen Sie am besten dadurch für den Raum hinter Ihnen, indem Sie stehen bleiben und mit Ihren Armen Bewegungen wie beim Rückenschwimmen machen. Dabei senden Sie den Großteil Ihrer Energie nach hinten, ohne sich nur auf das Rückwärtsschicken zu konzentrieren.

Diese beiden ersten Varianten können Sie sich schon mal für die Führübung vormerken.

Die Mini-Privatzone

Diese Variante hat sich bei Taschendieben bewährt. Wenn das Pferd gerne Taschen oder andere Kleidungsstücke nach Essbarem durchsucht, brauchen Sie es nicht gleich komplett aus Ihrem persönlichen Raum zu verbannen. Es reicht schon, wenn Sie an der Tasche in die Hände klatschen oder um die Tasche herum mit den Händen oder Ellbogen in der Luft wedeln. Machen Sie damit so lange weiter, bis die Nase nicht einfach nur weg ist, sondern bis das Pferd nicht mehr angespannt versucht, an die Tasche zu kommen. Das wirkt viel besser und ist freundlicher als das beliebte Auf-die-Nase-Hauen. Das ist nur ein kurzer Impuls, noch dazu mit negativer Energie, und ist dann wieder verschwunden.

Die Mini-Privatzone

Privatzone mit den Beinen

Oft achtet man in „Arbeitssituationen" gut auf seinen eigenen Bereich, und in der Pause, etwa beim Grasen, denkt man nicht mehr daran. Aber auch hier sollten Sie zumindest ein bisschen auf Ihre Privatzone aufpassen, indem Sie etwa so tun, als würden Sie Ihre Beine als Lockerungsübung ausschütteln.

Das alles bedeutet übrigens nicht, dass Sie Ihrem Pferd nie wieder Platz machen dürfen. Sie sollen sich nur wieder entscheiden können: Wenn das Pferd bereits schubst und drängelt, bleiben Sie stehen und verschaffen sich Platz; wenn Sie aber schon vorher merken, dass Sie unverschämterweise im leckersten Gras auf der ganzen Wiese stehen, dann können Sie natürlich dem Pferd auch Platz machen.

Das große Ziel bei allem ist schließlich Partnerschaft und keine Machtausübung.

Häufige Probleme und Lösungen

Wenn Sie es schaffen, mit positiver Einstellung die überzeugende Energie aufzubringen, sollten sich Probleme schnell in Luft auflösen. Glauben Sie sich selbst, dann wird Ihnen auch Ihr Pferd glauben.

Das Pferd weicht nicht

Sie sind entweder nicht effektiv genug oder zu emotional. Sie brauchen ein gutes inneres Bild und Gefühl für Ihre Privatzone. Für Sie muss sie real existieren. Sonst werden Sie selbst mit viel Einsatz nichts erreichen. Wenn Ihr Fokus lautet: „Hoffentlich weicht es", oder gar: „Sicher weicht es nicht", dann werden Ihre Gesten genau das ausdrücken. Selbst wenn Sie viel Energie einsetzen, sind Sie dann nicht effektiv.

Passen Sie auf, dass Sie nicht vom Pferd weg weichen. Ausnahme: Introvertierten, unsicheren Pferden müssen Sie Raum geben, damit sie aus ihrer Flucht nach innen einen anderen Ausweg finden. Lesen Sie dazu mehr im Kapitel „Pferde beobachten" (ab S. 75).

Das Pferd weicht zwar, kommt aber immer gleich wieder her

Durch Konsequenz und guten Fokus löst sich das Problem meist von selbst. Versuchen Sie, nach ein bisschen mehr Raum zu fragen. Sie können die Übung aber auch aufteilen: Zuerst kümmern Sie sich nur um Ihre Privatzone, danach darum, dass das Pferd draußen bleibt. Es geht allerdings bei der Privatzone in erster Linie darum, sich Raum zu verschaffen, und nicht darum, dass das Pferd draußen stehen bleibt.

Das Pferd wird unsicher (es rennt im Kreis o. ä.)

Es ist normal, dass Pferde im ersten Moment verunsichert sind, wenn sie ein solches Durchsetzungsvermögen oder so eine Energie von ihrem Menschen nicht gewohnt sind. Wenn die Aufregung sich in Grenzen hält, lassen Sie das Pferd sich etwas bewegen. Ansonsten überprüfen Sie Ihre Intention: Schicken Sie evtl. doch das Pferd weg? Machen Sie kleinere Schritte, belohnen Sie schon die Idee zum Weichen. Zeigen Sie dem Pferd: „Ich meine es ernst, aber nicht böse" (siehe Übung „Du bist nicht gemeint", S. 40).

Atmen Sie aus, entspannen Sie und beugen Sie sich in Richtung Hinterhand, um das Pferd wieder runter und zu sich zu holen. Unterstützen Sie das durch einen angemessenen Rhythmus am Seil (siehe bei den entsprechenden Übungen, S. 61).

Die Hinterhand effektiv beeinflussen

Sinn und Ziel

Ziel ist es, die Hinterhand des Pferdes mit möglichst wenig Energie weichen zu lassen. Bei dieser Basisübung ist es uns neben dem Sicherheitsaspekt erst einmal wichtig, dass Pferd und Mensch verstehen, wie sie grundsätzlich funktioniert.

Die Hinterhand zu beeinflussen ist wohl eines der am meisten diskutierten Themen der gesamten Reiterei. Uns geht es in diesem Kapitel jedoch nicht darum, die Kraft der Hinterhand zu aktivieren, sondern viel mehr um Sicherheit, Entspannung und Kontrolle. Dafür ist das Gegenteil nötig: Die Hinterhand soll seitlich weichen (also weich werden).

Darüber hinaus ist das Hinterhandweichen für eine ganze Reihe praktischer Anwendungen im Alltag nützlich: z. B. für die Vorhandwendung, um sein Pferd zu positionieren, als Grundbaustein für Seitengänge, um die Aufmerksamkeit des Pferdes zu bekommen, als Sicherheitsübung und als Grundlage für die Freiarbeit. Viele dieser Varianten werden wir in separaten Kapiteln eingehender erklären.

Vorbereitung

Stellen Sie sich locker und entspannt etwa auf Kopfhöhe neben das Pferd in einem Abstand von ca. 1,50 m. Bleibt das Pferd dabei nicht stehen, kümmern Sie sich zuerst darum (siehe „Du bist nicht gemeint", S. 40). Der Stick sollte von Ihnen aus schräg nach hinten zeigen, also vom Pferd weg.

Der Einfluss auf die Hinterhand bewegt Ihr Pferd mental, emotional und physisch.

PHASE 1

PHASE 2

PHASE 3

PHASE 4

PHASE 1 *Beugen Sie sich jetzt so zur Seite, als müssten Sie um ein Hindernis herum auf die Hinterhand Ihres Pferdes schauen. Dadurch fokussieren Sie Ihre Aufmerksamkeit und Ihre Energie genau dahin, wo sie landen soll, nämlich seitlich auf die Hinterhand. Bewegen Sie sich nun in dieser Haltung langsam und mit Intention in einem Bogen auf die Hinterhand zu – auch während der folgenden Phasen. Der Blick ist permanent auf die Hinterhand fokussiert.*

PHASE 2 *Die weitere Energie kommt jetzt von Ihrem Arm und dem Stick. Heben Sie den Arm mit dem Stick an und bewegen ihn (ohne Rhythmus) ein wenig in Richtung Hinterhand, so als wollten Sie sagen: „Schau mal, ich habe auch meinen Stick mitgebracht." In Phase 3 wird der Stick aktiv.*

PHASE 3 *Erst jetzt bewegen Sie den Stick rhythmisch auf die Hinterhand zu. Entweder indem Sie ihn in der Luft in Kreisbewegungen schwingen oder indem Sie mit ihm auf den Boden tapsen. Phase 3 besteht aus Rhythmus mit dem Stick.*

PHASE 4 *Gehen Sie – ohne den Rhythmus zu ändern! – dazu über, die Hinterhand des Pferdes zuerst leicht und dann mit immer mehr Energie zu touchieren. Der Stick tapst mit Rhythmus die Hinterhand.*

Häufige Probleme und Lösungen

Das Pferd passt nicht auf

Machen Sie Ihre Phasen ruhig und konsequent weiter. Schauen und konzentrieren Sie sich unbedingt weiter auf die Hinterhand und nicht dahin, wo das Pferd hinschaut. Da es bei dieser Variante um Ihre Sicherheit geht, müssen Sie mäßige Unsicherheiten seitens des Pferdes ausnahmsweise übergehen. Schließlich möchten Sie gerade in Stresssituationen die Aufmerksamkeit erlangen bzw. ein Wegrennen verhindern.

Das Pferd geht nach vorne weg

Ein häufiger Anfängerfehler ist es, anstatt auf die Hinterhand zum Kopf des Pferdes zu schauen, da wir Menschen gewohnt sind, Reaktionen im Gesicht unseres Gegenübers abzulesen – nicht an seinem Hinterteil. Dadurch verlagert sich aber Ihr Fokus automatisch nach vorn, und die Energie kommt nun vorn und hinten an. Heften Sie also Ihren Blick auf die Hinterhand und lassen Sie ihn dort.

Sollte das nicht reichen, lernen Pferde in der Regel durch angemessene vertikale Impulse mit dem Führseil („schütteln" – nicht ziehen!) schnell, die Vorhand stehen zu lassen. Angemessen bedeutet das, es soll keine Strafe sein, nur eine Information. Wenn das Pferd sagt: „Aha, ich soll wohl stehen bleiben", haben Sie es richtig gemacht. Wenn es weiterhin vorwärts geht, war es zu wenig. Wenn es unsicher wird, war es zu viel. Beschäftigen Sie sich im Zweifelsfall erst einmal mit der Übung „Rückwärts durch Rhythmus am Seil" (siehe S. 113).

Pferd kickt/geht mit der Hinterhand gegen den Druck

Lassen Sie sich nicht aus dem Konzept bringen. Falls irgend möglich, stellen Sie Ihre Frage unbedingt zu Ende! Wenn Sie schon vorher damit rechnen, dass Ihr Pferd ausschlagen wird, sorgen Sie für ausreichenden Sicherheitsabstand. Gegebenenfalls holen Sie sich Hilfe bei einem Profi.

Das Pferd schubst oder beißt

Hören Sie auch hier nicht auf, weiter zu fragen! Sie bestärken Ihr Pferd sonst in einem sehr effektiven und für Menschen potenziell gefährlichen Weg, Ihre Fragen loszuwerden. Kümmern Sie sich sofort darum, indem Sie effektiv (nicht emotional werden!) Ihre Privatzone beanspruchen.

Das Pferd bleibt nicht stehen, wenn die Frage zu Ende ist

Benutzen Sie einen Stick und streicheln Sie das Pferd damit so lange auf der Kruppe, bis es stehen bleibt. Dann hören Sie sofort mit dem Streicheln auf. Achten Sie darauf, dass Sie dabei entspannt sind, trainieren Sie das „Ausschalten".

Die Hinterhand beeinflussen als Sicherheitsübung

Es gibt zwei große Bereiche, die erhebliche Verletzungsrisiken für Mensch und Pferd bergen. Der erste ist die Distanzlosigkeit, mit der wir uns bei der Übung „Die Privatzone" beschäftigt haben. Die zweite Gefahrenquelle hat ihre Ursache im genauen Gegenteil. Pferde, die gerne selbst etwas mehr Platz hätten und sich losreißen – aus Unsicherheit oder um zum leckeren Gras zu kommen – bringen sich selbst, ihren Menschen und andere in Gefahr.

Pferde sind zu stark, als dass man sie mit reiner Körperkraft kontrollieren könnte. Für dieses zweite Sicherheitsrisiko haben Sie jetzt aber mit der Hinterhandübung ein wichtiges Werkzeug als Ergänzung zu Ihrer Privatzone.

Der Raum zwischen diesen beiden Grenzen bietet dem Pferd gerade genug Bewegungsfreiheit, um sich auch mal hin und her zu drehen und sich mit potenziellen Gefahren zu beschäftigen – und Sie können Ihrem Pferd dank der Grenzen diese wichtige Freiheit auch entspannter lassen. Damit ist für beide Seiten ein Mindestmaß an Sicherheitsgefühl und Kontrolle gewährleistet.

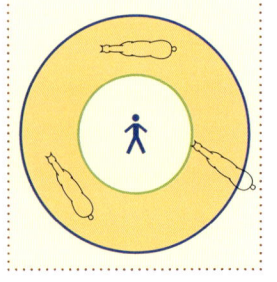

Mit dem Sicherheitsduo Privatzone (grün) und Hinterhand-Grenze (blau) sagen Sie jedem Pferd: „Bitte renn mich nicht um und renn mir nicht weg." Zwischen diesen Grenzen können Sie dem Pferd genug Bewegungsfreiheit und Entscheidungsfreiheit lassen, damit es sich auch sicher fühlen kann (gelb).

Warum lieber den Hintern wegschicken als die Nase ziehen?

Auch wenn wir bei dieser Hinterhand-Sicherheitsübung einmal zusätzlich das Seil benutzen (müssen), um den Vorwärtsdrang einzudämmen: Pferde sind einfach mit reiner Körperkraft nicht zu halten. Besonders, wenn sie es drauf anlegen oder um ihr Leben fürchten.

Und vergessen Sie auch nicht, dass, obwohl der Einfluss auf die Hinterhand in diesem Fall zwar der Sicherheit dient, doch immer noch das Mitdenken und die Verbindung im Vordergrund stehen. Langfristig wird es keine wirkliche Sicherheit – weder für Sie noch für Ihr Pferd – ohne eine mentale Verbindung geben. Diese echte Aufmerksamkeit erreichen Sie aber nie, wenn Sie einfach nur den Kopf des Pferdes zu sich ziehen.

Effektivität

Wenn Ihr Pferd sich mit ganzer Kraft versucht loszureißen, sind schnelles Handeln und Effektivität das A und O. Halten Sie das Seil fest bzw. wackeln Sie damit, um das Pferd zu bremsen und scheuen Sie sich nicht, den Stick oder das Seilende mit so viel Energie einzusetzen, dass die Botschaft, trotz Stresssituation, auch beim Pferd ankommt. Auch wenn dem Pferd nachher ein bisschen der Hintern zwickt, die Alternativen sind im günstigsten Fall verbrannte Hände, im schlimmsten Fall können Sie, Ihr Pferd und Dritte schwer verletzt werden.

Verlieren Sie nur möglichst bei aller Effektivität auf keinen Fall Ihre innere Ruhe und versuchen Sie emotional „ausgeschaltet" zu sein.

Vorbereitung für den Ernstfall

Wenn Sie die Hinterhand zu Hause mit einem entspannten Pferd nur so einigermaßen wegfragen können, dann wird es im Ernstfall vermutlich nicht ausreichen, um effektiv zu handeln. Funktioniert diese Übung aber in entspannten Situationen richtig fein, dann wird das immer noch gut genug funktionieren, wenn es brenzlig wird.

Üben Sie die Hinterhand aus verschiedenen Positionen, vor und hinter dem Pferd, von beiden Seiten, im Stehen, während des Laufens, auch mal mit Stick und Seil in der jeweils anderen Hand. Wer Pferde hat weiß, wie schnell eine Situation von entspannt zu gefährlich wechseln kann, da bleibt oft genug keine Zeit mehr, sich günstig zu positionieren.

Die Führübung

Sinn und Ziel

Zweck der Übung ist es, den Menschen in die Lage zu versetzen, das Pferd sicher und stressfrei an jeden nur erdenklichen Ort zu bringen. Besonders in Situationen, in denen das Fluchttier im Pferd durchkommt, ist dies die Methode, um Pferd und Mensch einen „geordneten Rückzug" zu garantieren.

Bereitwilliges Folgen: Das Pferd lernt, dem Menschen am Seil freiwillig und aufmerksam zu folgen (kein Ziehen, kein Drängeln, kein Festhalten).

Abstand halten: Hier werden Sie das Prinzip der Privatzone, das Sie als eine statische Übung kennengelernt haben, auf das Führen ausweiten können. Der Sicherheitsabstand verschafft dem Menschen mehr Zeit, um besser und souveräner reagieren zu können. Dem Pferd gewährt er mehr Bewegungsfreiheit, damit sich Emotionen und Energie nicht so schnell aufstauen.

Führen lernen: Das wichtigste Ziel jedoch ist, dass der Mensch das Führen des Pferdes als sinnvolle Aufgabe wahrnimmt und nicht als notwendiges Übel. Sie haben dabei die Chance, es wörtlich zu nehmen und Führungsqualitäten wie Verantwortung, Ruhe, Vorbereitung und auch Loslassen zu entwickeln.

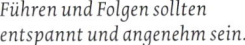

Führen und Folgen sollten entspannt und angenehm sein.

Führen und Folgen mit Sicherheitsabstand

Beim Training und in Situationen, in denen Sicherheit an erster Stelle steht, ist es sinnvoller, wenn Sie ein Stück vor dem Pferd gehen, und es Ihnen in einem gewissen Abstand folgt. Vielleicht fühlen Sie sich im ersten Moment unsicherer in dieser Position, weil Sie erst einmal nichts von Ihrem Pferd mitbekommen. Das Pferd aber bekommt dafür umso mehr von Ihnen mit.

Außerdem haben Sie jetzt Ihre Privatzone, die das Pferd schon kennengelernt hat und mit der Sie sich viel sicherer fühlen können. Nehmen Sie diese mit auf den Weg, kann Ihr Pferd Ihnen leicht ausweichen, falls es erschrickt.

Gehen Sie dagegen in der allgemein üblichen Führposition direkt neben dem Pferd und halten es kurz, hat es überhaupt keine andere Möglichkeit als Sie im Notfall umzurennen oder mitzuziehen. Pferde sind natürliche „Verfolger", die sich lieber einem souveränen, leitenden Menschen anschließen, als selbst die Nase vorn zu haben.

Welcher Abstand ist sinnvoll?

Welche Distanz in welcher Situation sinnvoll ist, hängt hauptsächlich von folgenden Fragen ab: Wie fühlen Sie sich wohl und sicher? Wie fühlt sich das Pferd wohl und sicher? Wie gut ist Führen und Folgen und die Privatzone etabliert?

1 Herkömmliche Führposition: So wird das Pferd Sie, wenn es erschrickt, unweigerlich umrennen, wegschubsen (roter Pfeil) oder wegziehen (gelber Pfeil).

2 Mit Abstand hat das Pferd genügend Platz und Zeit zum Ausweichen.

Damit sich das Führen und Folgen angenehm, sicher und natürlich für beide Seiten anfühlt, beachten Sie folgende Richtlinien: Je unsicherer Pferd und/oder Mensch sind, umso mehr Abstand brauchen sie zueinander (siehe Übung „Die Privatzone", S. 51).

Beim Führen sollten Sie das Gefühl haben, nur ein Seil zu tragen und nicht ein Pferd zu ziehen oder festzuhalten. Das fühlt sich für beide Seiten leicht und zwanglos an.

Werden Sie anfangs nicht unverhältnismäßig schneller oder langsamer als Ihr Pferd (ähnlich wie bei der „Spiegelübung", S. 85), sonst verleiten Sie es zum Schubsen oder Sie hetzen und zerren es mit. Jedenfalls fühlt es sich nicht angenehm an.

Beim Führen ist das natürlich etwas schwerer als bei der Spiegelübung, aber es ist ein wichtiges Angebot für mehr Leichtigkeit an das Pferd.

Bleiben Sie mit der Seillänge immer flexibel (siehe Kapitel „Seilführung", S. 18). So können Sie besser reagieren und fühlen immer, was hinter Ihnen passiert. Das wird Sie in den Augen des Pferdes kompetenter machen.

Wenn Sie mehr Routine entwickelt haben, können Sie den Sicherheitsabstand mehr und mehr verringern, und auch wieder „normal" führen. Wie bei der Privatzone gilt: Wenn beide Parteien es verinnerlicht haben, brauchen Sie es nur noch, wenn Sie es wirklich brauchen.

Praktische Durchführung

Losgehen

Zunächst sollten Sie das sichere Führen auf einem eingezäunten Reitplatz oder in einer Halle üben. Schaffen Sie dafür als Erstes einen angemessenen Abstand zu Ihrem Pferd (Privatzone), entspannen Sie sich dann und lassen Sie beide Arme locker hinunterhängen, das Seil liegt einfach in der Führhand, der Rest des Seils wird von der anderen Hand getragen. Schauen Sie dazu auch noch einmal im Kapitel „Seilführung" (siehe S. 18) nach.

Anhalten und Abstand einhalten

Auch beim Führen gilt die „Private Zone"! Legen Sie besonders am Anfang großen Wert auf einen von Ihnen bestimmten Mindestabstand.

PHASE 1

PHASE 2

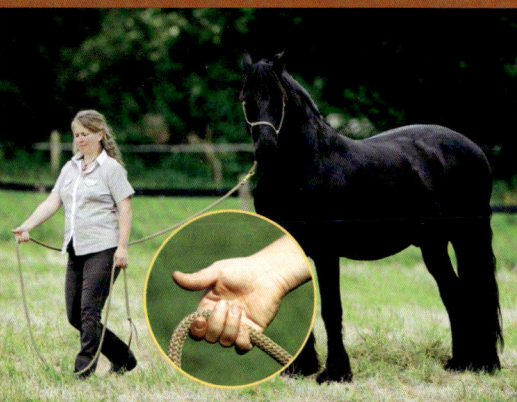

PHASE 3

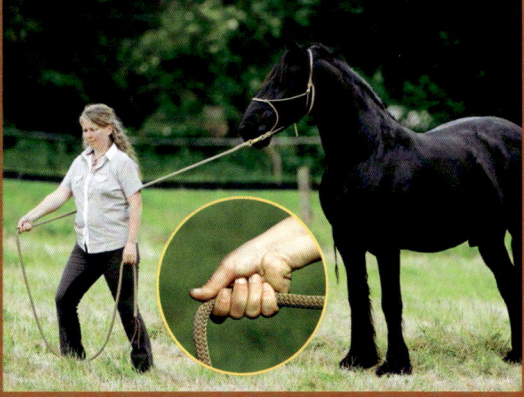

PHASE 4

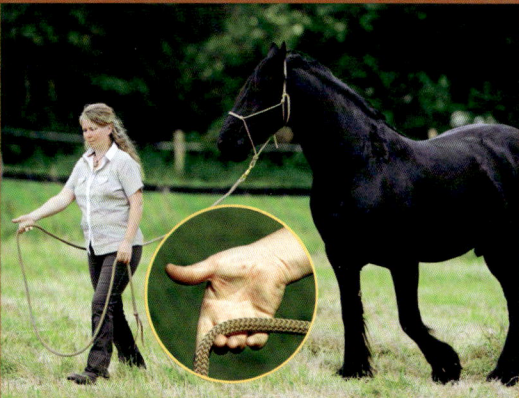

PHASE 1 *Wenn Sie nun entscheiden, losgehen zu wollen, drehen Sie sich vom Pferd weg in die Richtung, in die Sie gehen möchten, fahren mit Ihrer Führhand ein Stück das Seil entlang Richtung Halfter und lassen es dann locker durch Ihre Hand gleiten. Die offene Hand fragt das Pferd am Seil vorwärts.*

PHASE 2 – 3 *Gehen Sie langsam los und schließen Sie dabei die Hand etwas fester, sodass ein leichter (!) Zug entsteht. Steigern Sie diesen Zug durch immer weiteres Schließen der Hand langsam, aber kontinuierlich, ohne am Führstrick zu rucken – so lange, bis sich das Pferd in Bewegung setzt. Vermeiden Sie wiederholtes Ziehen und wieder Loslassen, das ist keine klare Botschaft („Komm mit!" – „Nee, doch nicht").*

PHASE 4 *Sobald das Pferd der Frage am Halfter nachgibt, öffnen Sie Ihre Hand sofort wieder.*
Das Pferd läuft los → Die Hand geht auf.

Nun können Sie einige Meter gemeinsam mit Ihrem Pferd gehen. Bleibt es von sich aus stehen, beginnen Sie von vorn, bis es wieder antritt. Dies wiederholen Sie so oft, bis das Pferd schon auf leichten Zug am Seil (Phase 1 oder 2) mit Ihnen läuft. Dann machen Sie eine längere Pause, um es zu belohnen.

Wenn das Führen leicht und entspannt auf dem Platz funktioniert, verlegen Sie Ihre neue Führmethode nach draußen.

Bleibt das Pferd nicht mit Ihnen stehen, sorgen Sie mit angemessener Energie wieder für den gewünschten Abstand.

Wenn das Pferd diesen unterschreitet, bleiben Sie stehen, beanspruchen Sie (mit angemessener Energie) Ihre private Zone besonders hinter Ihnen und an Ihren Seiten, und gehen Sie erst weiter, wenn das Pferd diese wieder einhält. Dies wiederholen Sie so lange und so oft, bis das Pferd den Abstand ohne nennenswerte Energie Ihrerseits akzeptiert. Dann belohnen Sie es mit einer Pause. Hier gilt es konsequent zu bleiben, auch wenn viele Pferde etwas länger brauchen, um den Abstand zu verinnerlichen. Das wird Ihrem Pferd helfen, Sie als sicheren, kompetenten Partner zu betrachten.

Häufige Probleme und Lösungen

Das Pferd geht nicht los

Überprüfen Sie zunächst, ob Sie Ihre Frage auch wirklich freundlich angefangen und mit Gefühl gesteigert haben. Zu viel und plötzlicher Druck provoziert bei vielen Pferden Gegendruck. Das Führen kann so schnell in einem Tauziehen enden. Am anderen Ende der Skala müssen Sie aber auch sicher sein, dass Sie Ihre Frage konsequent zu Ende gefragt haben (= bis die Antwort kommt). Bringen Sie genug Energie, Fokus und Intention auf?

Sollte Ihnen auch das gefühlvolle und konsequente Fragen nicht helfen, können Sie mit dem Stick/String die Schulter touchieren, bis das Pferd antritt, oder den Winkel ändern (einige Schritte zur Seite gehen und dabei den Zug aufrechterhalten). Sobald es losgeht oder auch nur nachgibt, öffnen Sie die Hand und lassen beide Arme wieder locker hinunterhängen.

Sie können auch zunächst das Nachgeben auf das direkte Gefühl am Halfter separat verbessern. Dazu stellen Sie sich frontal zum Pferd und beginnen als Phase 1 das Seil mit offenen Händen zu sich hin zu streicheln. Für die Phasen 2 bis 4 schließen Sie wieder Ihre Hände immer weiter, bis Sie schließlich nur noch mit einem deutlichen stetigen Gefühl am Halfter warten, bis das Pferd nachgibt. Dann öffnen Sie Ihre Hände sofort und geben sich mit dem einen Schritt zufrieden.

Denken Sie daran: Je schwerer die Frage war, umso früher und größer sollte die Pause sein! Teilen Sie also die Übung auf. Zuerst belohnen Sie nur das Nachgeben am Seil und dann erst kümmern Sie sich um das Folgen.

Das Pferd kommt Ihnen zu nah

Wenn Sie einen fixen Abstand gesetzt haben, dann warten Sie auf keinen Fall, bis das Pferd bei Ihnen ist, um es dann wieder ganz zurückzuschicken. Es kann Ihre Maßnahme sonst nicht nachvollziehen. Versuchen Sie immer so früh wie möglich zu bemerken, was Ihr Pferd tut, um darauf reagieren zu können. In diesem Fall heißt das: Wenn Sie 1,50 m Abstand wollten, und das Pferd verkürzt auf 1,49 m, bleiben Sie stehen und machen Sie wieder 1,50 m draus.

Führen und vor allem Folgen liegt Pferden im Blut. Trotzdem muss es in der Herde immer wieder im Kleinen geklärt bzw. bestätigt werden. Das gilt umso mehr für die Zweierherde aus Pferd und Mensch, auch wenn es mühsam ist.

Sicherheit

 In diesem Film sehen Sie, wie Sie Ihrem Pferd Sicherheit geben. Unter www.m.kosmos.de/ 14073/v5 erhalten Sie die gleichen Infos.

Das Pferd überholt Sie

Sie können davon ausgehen, dass das Pferd Sie nicht als kompetent genug erachtet, wenn es beim Führen einfach an Ihnen vorbeiläuft, d. h., es fühlt sich mit Ihnen als „Führperson" nicht sicher genug. Wenn Ihr Pferd Sie überholt hat, haben Sie es vermutlich vorher schon nicht von Ihrer Privatzone überzeugen können.

Mitunter müsste man allerdings mit so viel Druck für die Privatzone sorgen, dass das in noch mehr Unsicherheit und Konfrontation enden würde. Ist das der Fall, sollten Sie sich für eine zweite Variante entscheiden:

Laufen Sie einen kleinen Kreis gemeinsam mit dem Pferd, bis es wieder hinter Ihnen ist. Dabei können Sie auch ein wenig die Hinterhand wegfragen, um die Vorwärtstendenz einzudämmen, und das Pferd weicher zu machen. Wenn es Sie rechts überholt, biegen Sie nach links ab und umgekehrt. Gehen Sie dabei locker und selbstbewusst, aber nicht aggressiv auf die Hinterhand zu, während Sie sich schon wieder zu Ihrem ursprünglichen Ziel hin orientieren. In der Regel wird das Pferd wieder automatisch hinter Sie kommen. Durch diese Übung stellen Sie ohne großen Stress wieder die Ausgangsposition her, ohne dass sich die Vorwärtsenergie aufstaut.

Sind Pferd und Mensch sicher, kann man problemlos auch aus der Position hinter dem Pferd führen. Sowohl mit indirektem Gefühl ...

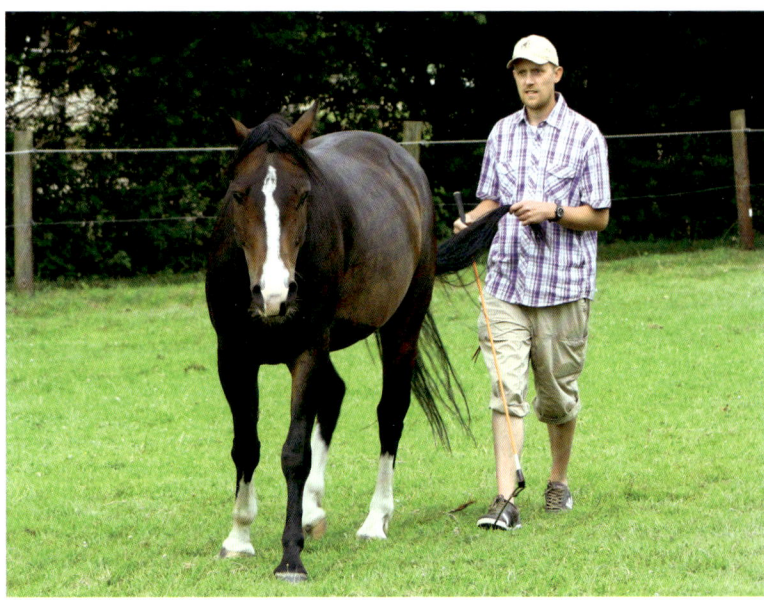

...als auch mit direktem Gefühl.

Zusammenfassung

Mit dieser Übung haben Sie quasi das Sicherheitsduo Privatzone und Sicherheits-Hinterhandübung „to go". Stellen Sie sich einfach vor, dass Sie das Schema von S. 64, etwas abgewandelt und auf die Situation abgestimmt, mitnehmen – wohin Sie auch gehen.

Herausforderungen: So geht es weiter

Je besser die Partnerschaft und Kommunikation mit Ihrem Pferd ist, umso variantenreicher können Sie das Führen gestalten. Bald können Sie das Pferd wie gesagt auch sicher und entspannt neben sich führen, später vielleicht auf Höhe der Hinterhand, oder es, im fortgeschrittenen Stadium, ganz leicht von hinten dirigieren.

Im besten Fall wird dies in Zukunft auch ohne Seil funktionieren. Achten Sie aber immer auf Ihr Pferd, auf sich und auf die Situation: Sobald einer dieser Faktoren nicht mehr sicher ist, gehen Sie wieder zurück zu Ihrer „Grundführposition".

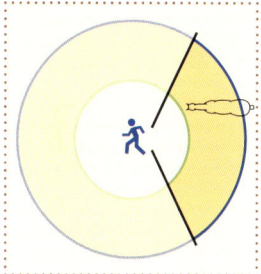

Bei der Führübung nehmen Sie Ihre Privatzone mit. Die Grenze, die Sie mit der Hinterhandkontrolle setzen, wird hauptsächlich dann relevant, wenn das Pferd Sie überholt.

Sich auf das Pferd einlassen

So erreicht man Harmonie

Von Tom Dorrance, einem der Urväter des Natural Horsemanship, stammt der Leitsatz: „First you go with the horse, then the horse goes with you, then you go together." Das bedeutet: Erst müssen wir uns auf das Pferd einlassen, dann wird es sich viel schneller und bereitwilliger auf uns einlassen, und erst dann können Pferd und Mensch harmonisch etwas miteinander tun!

Pferde beobachten – Pferdepersönlichkeiten

Pferde haben, wie Menschen, unterschiedliche Persönlichkeiten. Je besser Sie diese verstehen und berücksichtigen, umso besser werden Sie die Übungen in diesem Buch umsetzen können und umso leichter werden Sie auch all Ihre anderen Ziele mit Pferden erreichen.

Persönlichkeiten – von Menschen ebenso wie von Pferden – sind natürlich äußerst komplex und es ist schwer, sie zu verstehen. Außerdem möchten wir an dieser Stelle ausdrücklich vor Schubladendenken warnen. Trotzdem muss man einen Anfang machen und nach gewissen Mustern suchen. Sonst wird man kein Gefühl dafür entwickeln, wie man das, was man beobachtet, beurteilen kann.

In der Praxis haben sich zwei simple Unterscheidungen immer wieder bewährt, um eine erste Orientierungshilfe für Pferdepersönlichkeiten zu erhalten:

Pferde beobachten…

1 *Ein sicheres Pferd*

2 *Ein unsicheres Pferd*

1

2

1. Sicher oder unsicher

Nichts ist für Menschen einfacher, als Pferden Angst zu machen. Es ist uns deshalb sehr wichtig, dass Sie lernen zu unterscheiden, ob Ihr Pferd sicher oder unsicher ist, und wie Sie ihm ein Gefühl der Sicherheit geben können.

Bei fast allem, was wir lehren und tun, geht es uns in erster Linie darum, dass Pferde etwas lernen sollen und mitdenken dürfen. Wie sicher oder unsicher sich ein Pferd fühlt, hat unmittelbaren Einfluss darauf, wie gut es seinen Kopf einschalten kann. Daher ist das Thema Sicherheit und Entspannung so entscheidend für den Erfolg.

Unsichere Pferde brauchen mehr Wiederholungen, damit sie Übungen gut kennenlernen und sich darauf verlassen können, was sie erwartet. Außerdem sind ihnen Ruhe und Souveränität als Führungsqualitäten wichtig. Ihr Pferd will sich sicher sein, dass Sie jemand sind, dem man sich anschließen, dem man folgen kann.

(Selbst-)sichere Pferde brauchen eher Abwechslung, sonst langweilen sie sich schnell. Sie müssen als Mensch sich ohne Gewalt, dafür durch Ausdauer und Zielstrebigkeit durchsetzen können, damit sich solche Pferde auf Sie einlassen. Seien Sie also konsequent, aber nicht kritisch, das sorgt nur für schlechte Laune.

1 Ein introvertiertes Pferd
2 Ein extrovertiertes Pferd

2. Introvertiert oder extrovertiert

Man könnte diese Unterscheidung auch „offen oder verschlossen"
nennen. Nimmt das Pferd teil an der Außenwelt und will es das auch?
Oder verschließt es sich und verkrümelt sich in sich hinein? Hierbei
spielt nämlich vor allem eine Rolle, wie viel der Energie des Pferdes nach
außen dringt bzw. wie viele Reize von außen beim Pferd ankommen.

Gerade unsichere, introvertierte Pferde können ihre Energie/Gefühle
nicht nach außen lassen. Ihre „Kanäle" (Augen, Ohren, Maul) sind verschlossen und ihre motorischen Möglichkeiten stark eingeschränkt.
Sie haben große Probleme mit Druck, weil er die „Flucht nach innen"
noch verstärkt. Da ihre körpersprachlichen Zeichen jedoch versteckt
sind, werden diese Pferde von Menschen häufig als faul und stur fehl-
interpretiert – mit fatalen Folgen.

Bei diesen Pferden ist es wichtig, seine Energie bewusster mit viel
Gefühl zu dosieren und vor allem genau hinzuschauen. Konkret bedeutet das: Geben Sie solchen Pferden besonders viel Zeit für Aufgaben,
steigern Sie den Druck sehr langsam und erlauben Sie ihnen eine
extralange Pause zum Nachdenken. Weniger ist hier im Zweifel immer
mehr! Bei sicheren Introvertierten kann das auch heißen, weniger zu
verlangen, das aber dann richtig – also mit entschlossenem Fokus

danach fragen und dem Pferd auch klar machen: „Wenn du dich einmal kurz anstrengst, bist du mich sofort wieder los."

Extrovertierte Pferde (wieder besonders die unsicheren) können ihre Energie nicht bei sich behalten. Sie nehmen alles intensiv wahr und müssen sich bewegen. Sie brauchen eine starke, verlässliche Führung. Hier gilt: Seien Sie freundlich, aber bestimmt.

Allgemein brauchen die extrovertierten Pferde Menschen, die schnell (re)agieren, ihre Energie aber auch schnell wieder herunterfahren können, sobald die Situation sich entspannt.

Das Ziel bei allen Pferden ist es, dass sie sich durch die Übung entspannen und ihren Kopf einschalten können. Dann wird alles leicht!

Flexibilität

Der Begriff „Persönlichkeit" erweckt den Eindruck, dass es sich dabei um etwas Statisches handelt. Doch das ist selten der Fall. Pferde können in unterschiedlichen Situationen sehr unterschiedlich und auch oft auf unerwartete Weise reagieren. Es reicht also nicht zu sagen: „Mein Pferd hat diese oder jene Persönlichkeit" und das gilt dann für immer. In jedem Augenblick kann eine andere Facette im Vordergrund stehen. Bleiben Sie daher flexibel. Behandeln Sie das Pferd immer so, wie es sich gerade zeigt und nicht so, wie es meistens ist – oder gar wie Sie es gerne hätten. Ständiges Beobachten ist dabei eine wertvolle Hilfe.

Übung: Pferde beobachten!

Üben Sie, so oft es geht, Pferde und besonders Ihr Pferd zu beobachten, ohne es zu bewerten (gut/schlecht; richtig/falsch). Je besser Sie das lernen, umso schneller werden Sie Ihre Ziele erreichen!

Sie können sich hierfür extra Zeit nehmen, auf der Wiese, in der Box oder auf dem Paddock. Im besten Fall aber gewöhnen Sie sich an, Pferde immer zu beobachten und kleinste Veränderungen wahr- und ernst zu nehmen:

- Was sagen Ohren, Augen, Nüstern, Kopfhaltung, Atmung, Muskeln, Darmtätigkeit (äppeln), Geräusche etc.?
- Wie sieht das Pferd aus, wenn es entspannt oder angespannt ist?
- Wird es unter Stress intro- oder extrovertiert?
- Durch was verändert sich der Zustand des Pferdes? Was hilft in welcher Situation?

Die Unterschiede sicher/unsicher und introvertiert/extrovertiert ergeben kombiniert vier grobe Typen von Pferdepersönlichkeiten:

- Introvertierte unsichere,
- Introvertierte sichere,
- Extrovertierte unsichere,
- Extrovertierte sichere Pferde

Das Einfang-Spiel

Sinn und Ziel

Ziel: Die Grundidee hinter dem Einfang-Spiel ist, dass das Pferd den Menschen „einfängt" und nicht umgekehrt. Es kommt freiwillig zu uns, aus eigener Entscheidung. Dadurch hat die Verbindung zum Pferd von Anfang an eine andere Qualität. Die Verbindung zueinander ist bei dieser Übung sehr wichtig.

Sich aufeinander einlassen: Sie finden während dieses Prozesses viel über das Pferd heraus, da Sie sich ganz auf es einlassen müssen. Weil dem Pferd bei diesem Spiel eine aktive Rolle zukommt, wird es sich ebenfalls besser auf diesen Prozess und damit auf Sie einlassen. Wenn es sich nur passiv fangen lassen muss oder eben gerade das zu ver-hindern versucht, braucht es nicht mitzudenken und die Verbindung bleibt auf der Strecke.

Je mehr Zeit und Sorgfalt Sie für dieses Spiel aufbringen, umso solider ist das Fundament, auf dem die Ergebnisse Ihrer weiteren Übungseinheit stehen!

Sie können es auf einer großen Wiese ebenso wie auf einem Paddock oder sogar in einer Box spielen. Denn es geht dabei eben nicht vor-rangig um das „Einfangen" im räumlichen Sinn, sondern um unsere

Wer fängt wen?

Nicht gleich zu fordernd sein schafft Sicherheit und vielleicht sogar schon Interesse.

Einstellung und die des Pferdes. Sie müssen bzw. können die Grundidee des Spiels dann an die jeweiligen Gegebenheiten anpassen.

Zum Üben und zu Erklärungszwecken eignet sich am besten ein Roundpen oder eine eingezäunte Fläche ähnlicher Größe.

Grundsätzliches Prinzip

Das Grundprinzip dieser Übung heißt wieder Annäherung und Rückzug.

Wann Sie sich für Annäherung und wann für Rückzug entscheiden, hängt von der Aufmerksamkeit des Pferdes ab und davon, wie sicher es sich mit Ihnen fühlt. Die Spielregeln lauten folgendermaßen:

Regel Nr. 1: Desinteresse

Gehen Sie nicht direkt auf Ihr Pferd zu, wenn Sie auf die Weide, den Paddock oder in die Box kommen. Interessieren Sie sich zunächst für irgendetwas anderes. So verhindern Sie, gleich zu Beginn zu viel Druck zu machen: „Ich komme nur zu dir, wenn ich was von dir will." Das allein erzeugt schon oft genug Widerstand oder Unsicherheit beim Pferd für eine ablehnende Haltung dem Menschen gegenüber.

Regel Nr. 2: Keine Aufmerksamkeit = Annäherung

Interessiert sich Ihr Pferd nicht für Sie, werden Sie aktiv, indem Sie sich ihm zuwenden. Bewegen Sie sich in seine Richtung, machen Sie ihm den Raum enger und senden Sie ggf. mit Ihren Armen, dem Stick oder dem Seil zusätzlich (angemessene) Energie in seine Richtung. Achtung: Jagen Sie das Pferd nicht weg. Sie möchten damit nur die Aufmerksamkeit erregen.

Regel Nr. 3: Aufmerksamkeit = Rückzug

Immer wenn Sie das Interesse des Pferdes haben (es schaut zu Ihnen, wendet sich Ihnen zu oder kommt in Ihre Richtung), wenden Sie sich ab. „Schalten" Sie Ihre Energie aus, machen Sie keine Bewegungen mehr mit Armen, Seil oder Stick und gehen Sie ggf. einige Schritte vom Pferd weg.

Regel Nr. 4: Unsicheres Pferd = weniger Energie

Ein Mangel an Aufmerksamkeit ist oft eine Folge von Unsicherheit seitens des Pferdes. Mehr Energie und Enge führen dann natürlich nicht dazu, dass es sich Ihnen aus freien Stücken anschließt. Daher gilt: Je unsicherer das Pferd ist, umso feinfühliger müssen Sie Ihre Energie dosieren.

Das Pferd wird schnell wissen, wie es seinen Komfort bekommt, wovon es etwas hat und wovon nicht. Zum Beispiel, dass es nicht seine Ruhe hat, wenn es versucht, Sie loszuwerden, sondern dann, wenn es sich Ihnen zuwendet und sich mit Ihnen auseinandersetzt. Der Übung „Du bist nicht gemeint" (siehe S. 40) und den Engpass-übungen (siehe S. 155) liegt übrigens das gleiche Konzept zu Grunde.

Beispielhafter Ablauf eines Einfang-Spiels

Besonders in diesem Fall ist es notwendig, dass man sich bewusst ist, wie man seine Energie einsetzt und wie diese auf das Pferd wirkt (was ist schon zu viel Druck?).

Das gilt auch für Ihre Intention (Absicht): Wenn Sie zu Ihrem Pferd gehen, nur mit dem einzigen Gedanken es zu holen, werden Sie keinen überzeugenden Rückzug machen können. Wenn Sie überzeugt sind, es läuft Ihnen sowieso wieder davon, werden Sie sich nicht trauen, Ihre Energie überzeugend einzusetzen, ohne böse zu werden. Man muss beides ernst meinen, also authentisch sein, um hier Erfolg zu haben.

Sie sollten auch schon ein guter Beobachter sein, um zum richtigen Zeitpunkt richtig reagieren zu können.

Das Einfangspiel müssen Sie unter Umständen jeden Tag und in jeder Umgebung neu erfinden. Das ist nicht leicht, aber es lohnt sich: Bei jeder Variante wird die Verbindung an einer anderen Stelle gestärkt!

Ausgangssituation

Sie sind mit einem freien Pferd im Roundpen o. Ä., das sich nicht für
Sie interessiert oder gar Abstand sucht. (Wir gehen hier von einem
Pferd aus, das nicht von vornherein in wilder Flucht im Kreis rennt.)

Schritt 1: Ihre erste Amtshandlung besteht, wie oben erwähnt, Ihrerseits in Desinteresse. Gehen Sie vom Pferd weg, interessieren Sie sich
für die Zaunpfosten, den Hallenboden, andere Pferde etc. Dadurch
geben Sie dem Pferd die Möglichkeit, Ihnen zu folgen und den ersten
Schritt zu machen.

Schritt 2: Wenn das Pferd diese Möglichkeit nicht wahrnimmt, hat es
sich bewährt, sich langsam in den Raum hinter dem Pferd zu bewegen
(ggf. mit Sicherheitsabstand!). Denn alles, was hinter dem Pferd passiert, ist tendenziell spannend. Für das Pferd sollte es sich so anfühlen,
als wollten Sie sich direkt hinter ihm verstecken.

Schritt 3: Falls das allein noch kein Interesse weckt, fangen Sie langsam
und mit Gefühl (!) an, Ihre Energie zu steigern. Schwingen Sie Seilende
oder Stick in Richtung Pferd, nähern Sie sich von hinten langsam, aber
mit Intention an. „Nerven" oder „ärgern" Sie es ein bisschen.

Schritt 4: Sobald es irgendwie reagiert, ändern Sie etwas:
- Geht es weg, schalten Sie die Energie runter, aber nicht aus, und bleiben dem Pferd buchstäblich am Allerwertesten kleben. Das heißt, Sie
bleiben hinter ihm und bewegen sich mit – scheuchen Sie es nicht,

*Was hinter dem Pferd vor
sich geht, reizt es oft zum Nach-
schauen – solange es nicht
bedrohlich oder langweilig ist.*

zeigen Sie ihm nur, dass es Sie durch Weggehen nicht los wird. Je unsicherer es dabei ist, umso mehr Raum und umso weniger Energie ist angebracht.

• Wendet es sich Ihnen dagegen interessiert zu, machen Sie sofort einen Rückzug (Raum geben, Energie ausschalten).

Weitere Schritte: Nun wird das Pferd sich nicht sofort dazu entschließen, Ihnen zu folgen. Wenn man Pferden einen großen Rückzug als Belohnung anbietet, gehen sie oft wieder eigenen Geschäften nach. In diesem Fall beginnen Sie das Spiel wieder bei Schritt 1. Sie können die Anforderungen nach einigen Versuchen steigern: Wenn das Pferd zu Beginn der Übung schon einen Rückzug und eine Pause bekommt, wenn es nur kurz zu Ihnen schaut, können Sie im weiteren Verlauf versuchen, immer mal wieder ein bisschen länger dranzubleiben und nachzufragen, bis es sich z. B. zu Ihnen dreht, sich auf Sie zu bewegt oder Ihnen folgt.

1 Wenn das Pferd von Ihnen weggeht, bleiben Sie dran, ohne zusätzlichen Druck zu machen.

2 Bei Interesse seitens des Pferdes muss unmittelbar der Rückzug folgen.

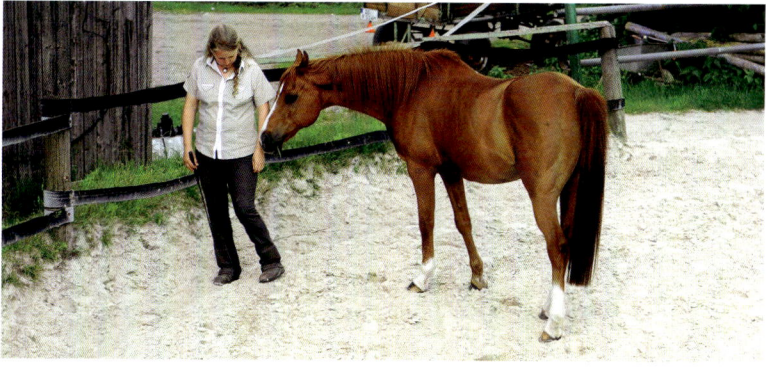

Das Ziel: Das Pferd schließt sich uns nicht nur physisch an.

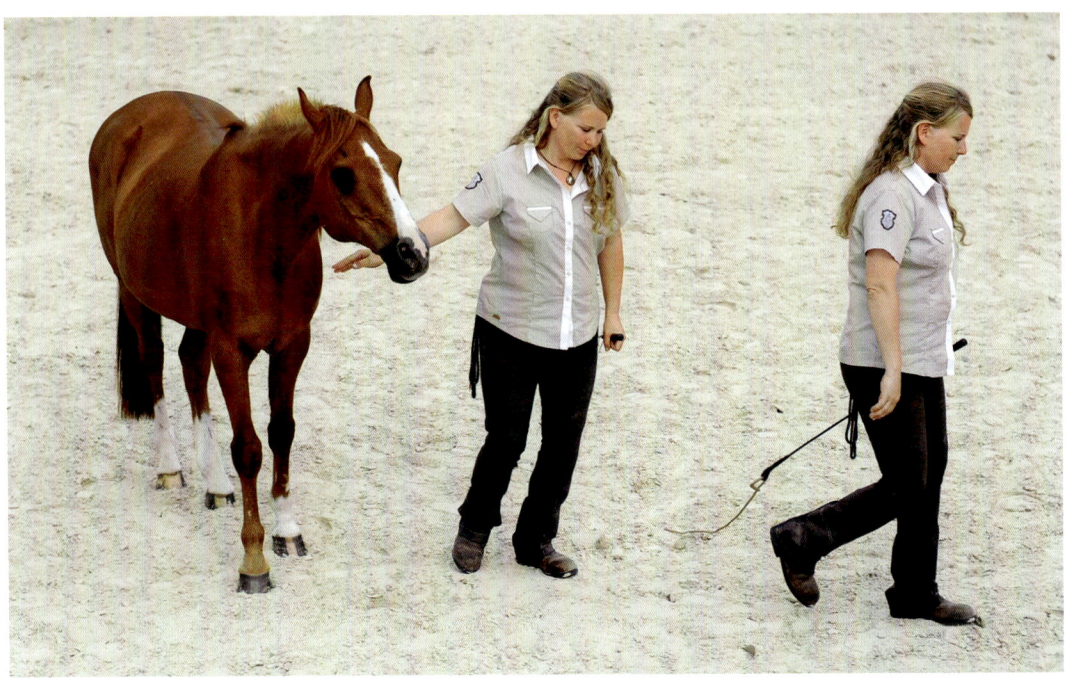

„Jetzt hast du Pause!"

Das Pferd lernt bei jedem Versuch, dass Ihr Verhalten eine Reaktion auf sein Verhalten ist – es bestimmt also im Grunde selbst, was Sie tun. Das motiviert es, sich immer ein bisschen mehr Mühe zu geben.

Wichtig: Am Ende muss klar sein, wann das Spiel zu Ende ist und das Pferd tatsächlich wieder Pause hat und tun kann, was es möchte. Dafür müssten Sie ein Zeichen etablieren. Wir nutzen ein freundliches, leichtes Klopfen, da wir das sonst nicht als Lob benutzen. Sie können sich aber auch selbst etwas ausdenken, es sollte nur natürlich wirken; und das Wichtigste dabei ist, dass Sie sich und Ihren Fokus auf die Aufgabe komplett ausschalten.

Herausforderungen: So geht es weiter

Trauen Sie sich, das Einfang-Spiel auf einer immer größeren Fläche zu spielen und versuchen Sie Ihr Pferd aus größerer Entfernung auf sich aufmerksam zu machen oder es zu sich zu fragen. Nutzen Sie ruhig Rufzeichen oder Pfeifen, um das Pferd z. B. auf der Weide zu sich zu holen – setzen Sie diese aber sinnvoll ein und nicht als Dauerbeschallung, die schnell ihre Bedeutung verliert.

So kann es auch bei Ihnen bald aussehen.

Die Spiegelübung

Sinn und Ziel

Die Aufgabe bei der Spiegelübung besteht darin, alles, was das Pferd tut, möglichst eins zu eins nachzumachen.

Pferde besser verstehen: Die Spiegelübung ist ein unschätzbares Hilfsmittel, um die zwei wichtigsten Aspekte im Umgang mit Pferden zu trainieren: Verstehen und Gefühl. Sie werden die Perspektive der Pferde nachfühlen können, also mitbekommen, was in ihnen vorgeht. Ganz besonders in Bezug auf Energie, Anspannung und Entspannung, Interesse und Unsicherheit.

Wenn man pferdegerecht handeln möchte, kommt man nicht umhin, die Perspektive der Pferde genau zu kennen – die allgemeine und die momentane. Das macht einen echten natürlichen Horseman erst aus. Die Spiegelübung bietet Ihnen einen ausgezeichneten Zugang zur Sicht der Pferde. Sie sehen, was die Pferde sehen, hören, was sie hören, interessieren sich für die gleichen Dinge und können Ursachen für Sicherheit und Unsicherheit nachvollziehen. Das ist die Eintrittskarte für eine echte Verbindung zu Pferden.

Veränderung sensibler wahrnehmen: Nicht der Zustand an sich ist beim Spiegeln und Beobachten das Wichtigste. Vielmehr werden Sie immer feinfühliger dabei werden, kleinste Veränderungen wahrzunehmen.

Spiegeln verbindet.

Im gleichen Rhythmus können Pferd und Mensch ihren gemeinsamen Weg harmonischer gehen.

Das entscheidet später z. B. darüber, wann Sie bei Problemen lieber aufhören oder wann Sie besser dranbleiben sollten, wann Sie langsamer, oder wann Sie schneller machen dürfen usw.

Synchronisieren: Erinnern Sie sich an die Worte von Tom Dorrance, die dieses große Kapitel eingeleitet haben? Da hieß es, dass wir uns zuerst auf die Pferde einlassen müssen, wenn wir etwas mit ihnen zusammen tun möchten. Genau hierfür sorgt die Spiegelübung.

Wenn Ihr Pferd merkt, dass es einen Menschen an seiner Seite hat, der die gleichen Dinge sieht, hört und fühlt wie es selbst, dann hat das eine sehr verbindende Wirkung. Sie sind MIT dem Pferd und nicht einfach nur BEI ihm. Alles, was Sie tun, tun Sie zusammen mit dem Pferd als Partner und nicht als Werkzeug.

Kontrolle abgeben: Beim Spiegeln trainiert man das Loslassen und Verlernen. Man ändert seine Perspektive weg von dem, was man selbst will, hin zu der Frage, was dem Pferd wichtig ist. Es hört sich allerdings leichter an, als es ist, sich wirklich auf das Pferd einzulassen. Denn dafür muss man einen Großteil an Kontrolle und Einfluss aufgeben und eigene Bedürfnisse und Wünsche zurückstellen. Doch es lohnt sich, weil sich nur so Vertrauen, Sicherheit, Leichtigkeit und Flexibilität auf beiden Seiten entwickeln können. Pferde sind schon lange alleine klargekommen, bevor es uns Menschen überhaupt gab.

Lernen Sie Kontrolle auch mal abzugeben.

1 *Links schürt der Mensch durch Kontrolle (Festhalten und Anschauen) die Anspannung, …*

2 *… rechts sind Pferd und Mensch auf einer Wellenlänge.*

1

2

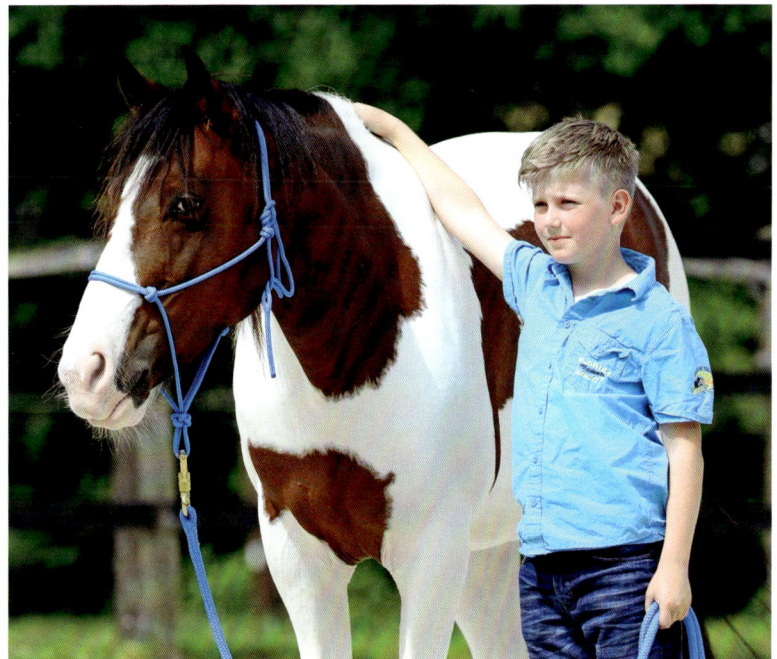

Eine vorteilhafte Ausgangs-position beim Spiegeln.

Vorbereitung

Stellen Sie sich mit gleicher Blickrichtung auf Schulterhöhe neben Ihr Pferd, Ihre Beine sind parallel zur Vorhand. Eine Hand können Sie dabei zusammen mit dem Seil auf den Widerrist legen. Natürlich geht das auch aus anderen Positionen, manchmal ist das sogar sicherer, z. B. bei aufgeregten, unsicheren Pferden, doch die gleiche Perspektive ist hier sehr hilfreich für das Synchronisieren.

Durchführung

In dieser Position machen Sie jetzt alles nach, was das Pferd tut und vor allem auch, wie es das tut – synchronisieren Sie sich mit ihm. Wenn es nach links schaut, schauen Sie nach links; horcht es nach vorn, tun Sie das auch; senkt es den Kopf, beugen Sie sich mit hinunter, wenn es läuft, gehen Sie in gleicher Geschwindigkeit und möglichst im Gleichschritt mit (Merksatz: Werden Sie nie schneller oder langsamer als Ihr Pferd – außer Sie kommen aus physischen Gründen nicht hinterher); wenn es steht, stehen auch Sie usw. Auch Geräusche, wie etwa das Schnauben, können Sie mitspiegeln.

1–5 *Auch wenn das Pferd steht, gibt es beim Spiegeln viel zu tun.*

Mittendrin statt nur dabei: Buddeln, wälzen, kratzen und untersuchen Sie zusammen mit Ihrem Pferd.

Zusätzlich dürfen Sie die freie Hand z. B. dazu benutzen, um zusammen mit Ihrem Pferd Gras auszurupfen, wenn es grast, oder interessante Objekte gemeinsam zu untersuchen.

Achten Sie aber dabei, wie gesagt, besonders auf die Energie, Anspannung und Entspannung, das Interesse und die Unsicherheit des Pferdes. Kopieren Sie diese Aspekte unbedingt mit, indem Sie z. B. gespannt nach hinten horchen und nach vorn schauen oder ganz locker mit angewinkeltem Bein dösen, oder eben bemerken, dass das angewinkelte Hinterbein gar nicht entspannt ist. Machen Sie mit, wenn Ihr Pferd die Lippen zusammenpresst und auch wenn es wieder entspannt lecken und kauen kann. Zieht es die Nüstern angespannt hoch oder sind sie entspannt, spiegeln Sie das mit. Schauen Sie sich Dinge entweder mit starrem oder mit weichem Blick an.

Doch seien Sie vorsichtig beim Spiegeln von Aufregung, Unsicherheit und Anspannung: Spiegeln Sie, ohne die Emotionen des Pferdes zu Ihren eigenen zu machen – das tut ja ein Spiegel auch nicht!

Gerade bei introvertierten Pferden braucht man Geduld und genaue Beobachtungsgabe. Es kann lange dauern, bis sich etwas tut. Aber vergessen Sie nicht: Es geht weder darum, etwas zu WOLLEN, noch darum, etwas zu TUN. Es kann eine lehrreiche Erfahrung sein, nachzufühlen, wie es ist, minutenlang aus Unsicherheit angespannt und regungslos stehen zu bleiben. Und noch wertvoller ist es zu fühlen, wie es ist, langsam aufzutauen und plötzlich wieder „da" zu sein, weil man merkt, dass da gar kein Druck ist, vor dem man nach innen flüchten müsste.

Die Spie(ge)lregeln

Selbstverständlich gelten bei allem Spiegeln auch einige Regeln für Sie und das Pferd:

Regel Nr. 1: Lassen Sie sich nicht durch die Reitbahn ziehen. Wird das Pferd zu schnell, machen Sie die Hinterhand-Sicherheitsübung (schicken Sie die Hinterhand weg, um das Pferd wieder zu Ihnen zu orientieren).

Regel Nr. 2: Lassen Sie sich nicht umrennen. Dafür haben Sie Ihre Privatzone. Ist Ihr Pferd sehr aufgeregt und energiegeladen, sollten Sie die Übung ohnehin mit ausreichend Abstand durchführen oder sie auf einen anderen Zeitpunkt verschieben.

Regel Nr. 3: Falls Sie die Spiegelübung auf einem Paddock oder einer Wiese machen, wo auch andere Pferde sind, gilt eine gemeinsame Privatzone auch für Sie und das Pferd als Team. Wenn die anderen Pferde zu aufdringlich werden, sorgen Sie für genügend Raum für Ihre Zweierherde. Das wird Ihr Ansehen bei Ihrem Pferd ganz nebenbei erheblich steigern.

Pferd und Mensch als Team können auch eine gemeinsame Privatzone gegenüber anderen Pferden haben.

Regel Nr. 4: Falls Sie sich in einer Halle oder auf einem Reitplatz befinden, nehmen Sie Rücksicht auf andere. Am besten haben Sie jemanden an Ihrer Seite, der Ihr Pferd ggf. von außen dirigieren kann, sodass Sie niemandem in die Quere kommen und sich trotzdem nach dem Pferd richten können.

Herausforderungen: So geht es weiter

Die große Herausforderung besteht darin, sich das Spiegeln zur zweiten Natur zu machen. Es ist fast immer und überall nicht nur möglich, sondern nötig.

Auch beim Reiten ist die Übung Gold wert, denn harmonisches Zusammenspiel auf mentaler und körperlicher Ebene ist hier Grundvoraussetzung für den Erfolg.

Lassen Sie eine andere Person dem Pferd einige einfache Aufgaben stellen und spiegeln Sie das Pferd dabei. Achten Sie dabei nicht darauf, wie gut es die Aufgabe ausführt, sondern wie es sich dabei anfühlt und wie es die Fragen wahrnimmt.

Sich auf das Pferd einlassen

In diesem Film sehen Sie, wie Mensch und Pferd ein Team werden. Unter www.m.kosmos.de/14073/v6 erhalten Sie die gleichen Infos.

Die Grundübungen

Aufmerksamkeit und Freiarbeit über die Hinterhand

Sinn und Ziel

Hier geht es darum, wie man über die Hinterhand den Kopf des Pferdes beeinflussen kann – im wahren und im übertragenen Sinne. Das Pferd wird sich von sich aus mehr für Sie interessieren, auf Sie achten und Ihnen folgen, ohne dass Sie dafür das Führseil benutzen müssen. Je mehr man an Pferden zieht, schiebt und drückt, umso weniger denken sie mit. So bekommen Sie schlimmstenfalls ein Pferd voller Widerstände, bestenfalls eine Marionette, auf keinen Fall aber einen mitdenkenden Partner.

Verantwortung: Das Pferd lernt dadurch „um die Ecke" zu denken. Wenn Sie am Führseil ziehen, wird es sich Ihnen vielleicht zuwenden, aber das heißt noch lange nicht, dass Sie dann auch die Aufmerksamkeit haben. Vermitteln Sie ihm aber, dass es selbst aufpassen muss, damit Stick oder Seilende es nicht in seine Hinterhand „zwicken", dann werden Interesse und Aufmerksamkeit zur Verantwortung des Pferdes. Ihre eigene Verantwortung besteht darin, Ihre Energie angemessen und präzise einzusetzen, ein genaues Timing zu haben und besonders auf echtes Ausschalten und Raumgeben zu achten.

Auch wenn das Pferd abgelenkt ist, werden Sie noch eine Verbindung zwischen sich und ihm herstellen können, die nicht nur physischer Natur ist (Ziehen und Festhalten).

Echte Aufmerksamkeit und bereitwilliges Folgen sind oft stärker als der dickste Führstrick.

Amy schaut zu Jenny, die sich schon ausschaltet. Man sieht noch am Stick, dass sie tatsächlich eine Frage gestellt hat.

Erste Schritte Richtung Freiheit: Die Hinterhand zu nutzen, um das andere Ende des Pferdes zu sich zu holen, ist daher die Grundlage dafür, das Führseil einmal ganz loszuwerden.

Sollte es also Ihr Traum sein, frei mit Pferden zu kommunizieren und zu spielen, dann geben Sie sich jetzt besonders viel Mühe.

Durchführung
Sie machen alles genauso wie bei der Übung „Die Hinterhand beeinflussen" (siehe S. 61), nur mit drei Änderungen:

1. Für mehr Interesse
Sie müssen nicht unbedingt warten, bis die Hinterhand tatsächlich weicht. Sobald sich das Pferd auch nur für Sie interessiert, belohnen Sie das mit Ausschalten. „Interesse" kann dabei z. B. bedeuten: Es schaut zu Ihnen oder bewegt sich mit der Vorhand in Ihre Richtung. Das ist sogar wünschenswert (Zeichen für Kopf einschalten). Natürlich ist es hier trotzdem gut und hilfreich, wenn es mit der Hinterhand weicht, um sich in Ihre Richtung zu stellen.

2. Für mehr „Sogwirkung"
Legen Sie von Anfang an mehr Wert darauf, sich vom Kopf des Pferdes weg zu orientieren. Das „Mitziehen" der Vorhand ist wichtiger als das Wegschicken der Hinterhand. So entstehen eine Sogwirkung und viel Platz, denen das Pferd gerne folgen wird.

3. Für freies Folgen

Sobald die Hinterhand weicht, gehen Sie ein paar Schritte vom Pferd weg. Und zwar in die Richtung, in die Sie gerade schauen. Da Sie vorher auf einem Kreisbogen auf die Hinterhand zugegangen sind, könnte man sagen, Sie bewegen sich in dem Moment auf der Tangente des Kreises weiter, wenn die Hinterhand weicht. Sie bewegen sich dabei also immer vorwärts, zuerst auf die Hinterhand zu, dann vom Pferd weg.

Dadurch machen Sie dem vorderen Ende Ihres Pferdes Platz und laden es so ein, zu Ihnen zu kommen – Sie ziehen es gewissermaßen mit, nur eben durch Ihre Sogwirkung und nicht mit dem Seil. Folgt es Ihnen, bleiben Sie zur Belohnung stehen und machen eine Pause. Später verlängern Sie die Strecke und gehen ein paar Schritte mit dem Pferd weiter. Doch bis auf Weiteres bleibt das vorerst ein Angebot und noch keine echte Aufforderung zum Folgen.

1–2 Der Mensch geht aus dem Kreis heraus und das Pferd folgt.

1

2

Diese beiden Aspekte (das Interesse einerseits und das Folgen andererseits) hängen sehr eng zusammen, weshalb wir sie zu einer Übung zusammengefasst haben. Sie unterscheiden sich nur im Grad der Aufmerksamkeit. Je nachdem, was Ihnen gerade wichtiger ist, setzen Sie Ihre Prioritäten. Bei einem aufgeregten, abgelenkten Pferd fragen Sie vielleicht erst einmal nur nach der Aufmerksamkeit, in einer ruhigen und entspannten Situation üben Sie das Folgen.

Um Missverständnisse zu vermeiden, brauchen Sie einen guten Fokus. Pferde können ausgezeichnet unsere Intention lesen. Sie verstehen bald, ob es Ihnen um die Hinterhand, die Aufmerksamkeit oder das Folgen geht. Aber nur, wenn Sie sich selbst auch darüber im Klaren sind! Wie so oft liegt darin die Gefahr, dass Sie das Pferd für etwas bestrafen, was Sie selbst nicht richtig oder zu ungenau gefragt haben.

Häufige Probleme und Lösungen

Die Hinterhand weicht zwar, das Pferd schaut immer noch weg: Das Pferd hat seinen Kopf noch nicht für Sie eingeschaltet – entweder ist es dafür noch zu unsicher oder andere Dinge sind interessanter als Sie. Haben Sie schon beim Losgehen eher den Fokus darauf, die Vorhand mitzunehmen und weniger darauf, die Hinterhand von sich wegzuschicken. Warten Sie auf die Verbindung und ziehen Sie nicht am Seil.

Das Pferd bleibt beim Folgen stehen: Vermutlich sind Sie zu schnell losgelaufen und die Verbindung ist abgerissen. Ein bisschen Spiegeln ist auch hier wichtig: Werden Sie nicht schneller und nicht langsamer als Ihr Pferd.

Oft wird gerade durch die physische Verbindung durch den Führstrick deutlich, wie gut man darauf aufpassen muss, dass das unsichtbare Band der Verbindung nicht reißt. In diesem Fall ist der Mensch zu schnell weggegangen. Das Seil spannt sich nur, wenn die mentale Verbindung gerissen ist!

Das Pferd überholt Sie: Drehen Sie sich vom Pferd weg und gehen Sie wieder in einem Bogen auf die Hinterhand zu. Diese Führvariante haben wir schon bei der Führübung auf S. 72 beschrieben.

Herausforderungen: So geht es weiter

Dies ist eine sehr vereinfachte Übung, die z. B. das Führen oder das Holen von der Wiese erleichtert und Ihnen als Bonus einen kleinen Vorgeschmack auf die Freiheitsarbeit bietet. Für genauere und verfeinerte Übungen, die darauf aufbauen, müssen wir Sie auf weiter hinten im Buch vertrösten.

Übungen, die hierauf aufbauen, sind z. B. das „Bleib bei mir" auf S. 171, das „Komm mit" auf S. 175 und das „Freie Spielen mit dem Pferd" auf S. 184.

Die Hinterhand präzise positionieren

Sinn und Ziel

Genauigkeit: Sie lernen, die Hinterhand Ihres Pferdes punktgenau zu bewegen und damit auch aus größerem Abstand – und ohne sich dabei selbst zu bewegen – noch präziseren Einfluss auf Ihr Pferd zu haben.

Fokus und Ausdauer: Das verlangt von Ihnen einen starken Fokus, also ein klares Bild des Ergebnisses zu haben und gleichzeitig bei der Aufgabe zu bleiben, bis das Pferd dieses Bild auch umgesetzt hat.

Wer bewegt wen: Hier greift einmal mehr das Konzept von „Wer bewegt wen?". Diese Übung ist eine weitere Gelegenheit, Ihr Ansehen bei Ihrem Pferd positiv zu beeinflussen. Es wird Sie als ein Stück weit kompetenter erachten.

Präzision ist ein guter Prüfstein für Kommunikation.

Die Kommunikation verbessert und verfeinert sich. Sie müssen besser auf sich selbst und auf Ihre Körpersprache achten. Außerdem sind Sie wegen der genauen Zielvorgabe darauf angewiesen, Ihre Frage wirklich zu Ende zu fragen.

Im täglichen Umgang ist es bei vielen Gelegenheiten hilfreich, feinen Einfluss auf die Hinterbeine zu haben: Um mal eben jemandem Platz zu machen oder falls Sie ein Hinterbein genau so positionieren müssen, dass es nicht mehr auf der Straße, aber noch nicht in der Dornenhecke steht. Auch in der Bewegung funktioniert das, z. B. wenn man das Pferd rückwärts durch ein Tor schickt.

Durchführung

Stellen Sie sich etwa einen Meter schräg vor das Pferd mit entgegengesetzter Blickrichtung, und bleiben Sie dort stehen. Am besten wieder mit einer Markierung als Hilfe.

Die Hinterhand

Die Phasen sind wieder die gleichen wie bei der Hinterhandübung, nur dass Sie sich hier nicht von der Stelle bewegen, sondern an Ihrem Standort bleiben. Beugen Sie sich jetzt deutlich zur Seite, um die Hinterhand „wegzuschauen". Stellen Sie sich wieder vor, Sie müssen um ein Hindernis herum auf die Hinterhand gucken.

Die Grundposition: Am besten einen kleinen Schritt von der „richtigen" Position entfernt.

Das ist entscheidend, auch wenn Sie sich dabei anfangs etwas komisch vorkommen. Es verleiht Ihrer Frage nämlich den nötigen Fokus! Sie werden wegen des größeren Abstands übrigens nicht nur den Stick, sondern auch das Seilchen (String) benutzen müssen und dadurch gut zielen lernen.

Um nicht aus dem Gleichgewicht zu kommen, dürfen (und sollen) Sie einen Ausfallschritt machen. Schließlich soll sich „Natural" Horsemanship nicht nur für Pferde, sondern auch für Menschen natürlich anfühlen. Andernfalls entwickeln Sie kein Gefühl, keine Routine und haben keinen überzeugenden Fokus!

Dosieren Sie Ihre Energie vorsichtig und belohnen Sie kleine Schritte. So lernt Ihr Pferd sein hinteres Ende ebenfalls sensibel und kontrolliert zu bewegen.

Die Vorhand

Hier soll die Vorhand wirklich stehen bleiben und sich weder nach vorn noch in Ihre Richtung bewegen. Dazu ist oft eine Mini-Privatzone nötig, für die Ihre Seilhand sorgt: Diese nehmen Sie hoch, etwa auf Pferdekopfhöhe, und sie ist auch in Richtung Pferdekopf gerichtet.

Lassen Sie die Hand während der Frage in dieser Position. Zum einen ist das in Zukunft gleichzeitig eine Information an das Pferd, dass jetzt genau diese bestimmte Hinterhandübung dran ist. Zum anderen können Sie so mit viel weniger Energie das Vorwärts durch

Rhythmus am Seil abbremsen. Es ist für das Pferd einfach deutlicher und Sie verhindern von vornherein, es reflexartig zu sich zu ziehen, um es zu bremsen.

Häufige Probleme und Lösungen

Die Hinterhand weicht nicht

Beginnen Sie mit weniger Abstand und wiederholen Sie die Grundübung.

Das Pferd geht nach vorn

Bei der Übung „Die Hinterhand effektiv beeinflussen" (siehe S. 61) haben wir uns mit diesem Problem schon eingehend beschäftigt. Hier möchten wir Sie nur noch einmal daran erinnern, Ihren Führarm oben und in Richtung Pferd zu belassen und nicht am Seil zu ziehen, weil sonst die Energie vom Pferd aus gesehen nicht von vorn kommt.

Die Vorhand weicht mit zur Seite aus (von Ihnen weg)

Beugen Sie sich weit genug zur Seite? Zielen Sie mit Ihrem Fokus und Stick und String genauer auf die Hinterhand, um Druck in Richtung Vorhand, Schulter, Hals oder Kopf zu vermeiden.

Die Hinterhand „schwingt" zu sehr zur Seite

Pferde machen zu Beginn selten einen einzelnen Schritt mit der Hinterhand. Das kann verschiedene Gründe haben: Sie haben zu viel Druck gemacht, das Pferd hat nicht aufgepasst, es kann sich nicht ausbalancieren oder weiß noch nicht genau, worum es geht. Um ihm zu helfen, stecken Sie Ihre Ziele tiefer, fahren Sie Ihre Energie, also Ihre Phasen, langsamer hoch, seien Sie schnell und deutlich beim Ausschalten und haben Sie Geduld.

Herausforderungen: So geht es weiter

Vergrößern Sie den Abstand zum Pferd; stellen Sie sich immer weniger schräg vor das Pferd und mehr direkt davor; fragen Sie abwechselnd die Hinterhand nach rechts und links, während Sie direkt vor dem Pferd stehen bleiben; versuchen Sie ein Hinterbein auf einen bestimmten Punkt (Markierung) zu stellen.

Einzelne Schritte lassen sich leicht zu mehreren Schritten kombinieren. Sie können sich dann entscheiden, ob Sie nach einem, zwei oder zehn Schritten aufhören. Umgekehrt ist das schwerer. Haben Sie z. B. direkt einen vollen Kreis beigebracht, lässt dieser sich nicht gut in einzelne Schritte aufbrechen, daher ist Präzision auch schon am Anfang hilfreich.

Die Vorhandwendung

Sinn und Ziel

Das Pferd dreht sich mit der Hinterhand um die Vorhand, wobei das innere (dem Menschen zugewandte) Vorderbein idealerweise stehen bleibt. Der Mensch bewegt sich dabei gemeinsam mit dem Pferd um dessen Vorhand.

Präzision und verfeinerte Kommunikation auch bei mehreren Schritten: Die Genauigkeit der vorherigen Übung nehmen Sie jetzt mit in die nächsten Schritte hinein.

Die Verbindung halten: Es geht nun nicht mehr nur darum, dass Mensch und Pferd für einen Moment mental zusammenbleiben, sondern dass sie die Verbindung für einige Schritte beibehalten.

Vorbereitung

Wichtig ist es hierbei, die richtige Position zum Pferd während der Übung beizubehalten: Sie stehen und bleiben auf Schulterhöhe mit ca. 1,20 m Abstand. Das Seil ist so kurz, dass Sie den Hals des Pferdes ggf. ein wenig biegen oder eine Vorwärtstendenz bremsen können.

Die Vorhandwendung:
Präzision in der Bewegung.

1

2

3

4

5
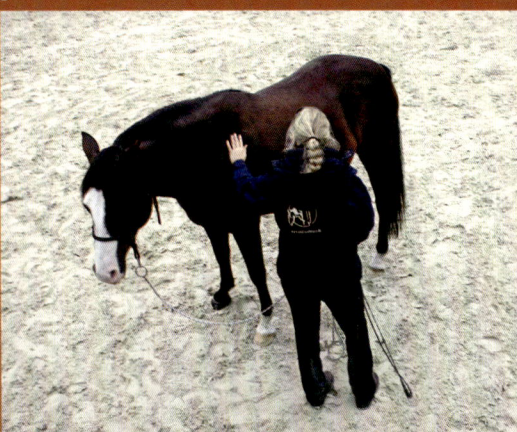

1–5 *Die volle Vorhandwendung und die Position neben der Schulter.*

Durchführung

Aus dieser Position beginnen Sie nun, wie bei der vorherigen Übung beschrieben, das Hinterhandweichen. Sobald die Hinterhand den ersten Schritt macht, setzen Sie sich ebenfalls in Bewegung – nicht vorher.

Das Hinterbein auf Ihrer Seite sollte vor dem anderen Hinterbein kreuzen.

Ist das noch schwer, geben Sie sich mit einem korrekten Schritt zufrieden. Wenn das Pferd besser versteht, können Sie immer ein bisschen mehr fragen, bis die Hinterhand schließlich einen vollen Kreis beschreibt.

Solange sich die Hinterhand bewegt, gehen Sie mit, um weiterhin in der Position neben der Schulter zu bleiben. Stellen Sie sich vor, Sie wären mit einer starren Stange mit der Pferdeschulter verbunden.

Zum Beenden der Frage schalten Sie Ihren Fokus und die Energie wieder aus. Es kann in diesem Fall sinnvoll sein, das Pferd zusätzlich mit der Hand im Bereich von Schulter, Widerrist oder Sattellage zu streicheln und das Gleiche mit dem Stick auf der Kruppe zu tun, bis das Pferd stehen bleibt (vgl. „Du bist nicht gemeint", S. 40).

Häufige Probleme und Lösungen

Das Pferd tendiert vorwärts
Siehe Übung „Die Hinterhand beeinflussen" (S. 61): Achten Sie auf den Fokus und helfen Sie mit Rhythmus am Seil. Legen Sie dabei zunächst weniger Wert auf das korrekte Kreuzen der Hinterbeine.

Die Vorhand kommt auf Sie zu
Machen Sie Ihre Mini-Privatzone nur für Kopf und Vorhand. Heben Sie dazu Ihren Führarm in Richtung Kopf, Hals oder Schulter des Pferdes – je nachdem, welcher Teil Sie davon am meisten bedrängt.

Der Seilarm verschafft Ihnen eine Mini-Privatzone.

Das Pferd geht rückwärts
Die Ursache dafür ist meistens Unsicherheit, manchmal entzieht sich das Pferd dadurch auch. In jedem Fall besteht Ihre Aufgabe darin, sich nicht davon beirren zu lassen. Stellen Sie die Frage mit gleicher Intensität weiter, während Sie mit dem Pferd rückwärtsgehen, bis es steht und beginnt, mit der Hinterhand zu weichen. Pferde gehen nicht gerne

Stehen Sie zu frontal, treiben Sie das Pferd unbeabsichtigt nach hinten.

rückwärts und suchen schnell nach einer anderen Lösung. Sobald die Vorhand andeutungsweise stehen bleibt und die Hinterhand weicht, belohnen Sie das mit einer längeren Pause.

Prüfen Sie vorher aber, ob Sie zu frontal oder zu nah am Pferd stehen und das Pferd die Frage tatsächlich als eine Aufforderung zum Rückwärtsgehen versteht; experimentieren Sie mit Ihrer Position.

Die Hinterhand weicht zwar, kreuzt aber nicht

Fragen Sie weiter, bis das Pferd die Idee ändert. Aber nicht mit mehr Druck: Unsichere Pferde können ihre Beine schlecht sortieren. Sie finden dann keine Lösungen, sondern nur Fluchtwege. Wenn es schwer bleibt, können Sie für den Anfang mehr Vorwärtstendenz zulassen.

Passiert das, obwohl Ihr Pferd entspannt ist und die Übung verstanden hat, kann das möglicherweise ein Hinweis auf körperliche Probleme sein. Aber auch rassetypisch gibt es mitunter Schwierigkeiten bei bestimmten Übungen oder Bewegungen. Kalkulieren Sie bei allen Übungen, bei denen Präzision und Anstrengung gefragt sind, solche Schwierigkeiten mit ein und lassen Sie sich und dem Pferd Zeit.

Rückwärtsrichten von vorn

Sinn und Ziel

Ziel ist es, das Pferd mit möglichst wenig Energie auf Fingerzeig gerade rückwärts zu richten, während Sie stehen bleiben. Die Übung dient als Vorbereitung für feine, flüssige Übergänge sowie für weiche aber punktgenaue Stopps.

Geht Ihr Pferd gleichermaßen gut vorwärts und rückwärts, hilft ihm das später sich besser auszubalancieren und mehr Gewicht auf die Hinterhand zu verlagern.

Die Übung ist eine weitere Gelegenheit, Ihr Pferd zu positionieren, ohne sich selbst zu bewegen.

Sicherheit: Das Rückwärtsrichten bzw. Stoppen funktioniert später aus jeder Position; man muss dafür nicht erst vor das Pferd kommen (z. B. beim Verladen, in Sackgassen, an Straßen).

Beziehung: Pferde müssen hier mehr mitdenken als beim Vorwärtsgehen. Es fördert Mut, Respekt und Vertrauen, wenn sie sich von uns ins Ungewisse rückwärts fragen lassen. Einige Pferde haben zudem anfangs ein Problem, wenn die Energie des Menschen von vorn kommt. Wir Menschen müssen deshalb die Verantwortung übernehmen, damit wir dem Vertrauen gerecht werden.

Das Rückwärtsrichten von vorn

> **Achtung!**
>
> Rückwärtsrichten ist u. a. eine Respektübung, aber verwenden Sie das Rückwärtsschicken nicht als Disziplinarmaßnahme oder Strafe. Das sollten Sie mit anderen Übungen zwar auch nicht tun, nur das Rückwärts wird gerne dafür ge- bzw. missbraucht.

Vorbereitung

Positionieren Sie zuerst sich selbst. Stellen Sie sich z. B. auf eine Markierung und bleiben Sie dort stehen. Dann positionieren Sie Ihr Pferd. Nutzen Sie dazu die Privatzone- und Hinterhandübung. Ihr Pferd sollte gerade vor Ihnen stehen (der Kopf zeigt zu Ihnen).

Den Abstand wählen Sie so, dass Sie das Pferd bequem mit dem Stick an der Brust berühren können.

Vergewissern Sie sich, dass Sie entspannt sind, die Arme locker hinunterhängen und das Stickende auf dem Boden ruht. Nehmen Sie den Stick wie einen Skistock in die Hand (siehe auch S. 21).

AUSGANGSPOSITION

PHASE 1

PHASE 2

PHASE 3

PHASE 4

PHASE 1 *Viel Fokus, wenig Rhythmus mit den Händen.*

PHASE 2 *Die Arme verstärken den Rhythmus, der Stick schwingt nur hoch und runter.*

PHASE 3 *Jetzt schwingt der Stick in Richtung Pferdebrust.*

PHASE 4 *Der Stick touchiert das Pferd.*

Stehen Sie vor und nach der Frage nicht frontal zum Pferd, sondern etwas zur Seite orientiert (weniger Druck = besseres Ausschalten). Denken Sie an Ihr entspanntes Pferd. Noch besser ist es, wenn Sie jemanden neben sich stehen haben, mit dem Sie sich unterhalten können, damit Ihr Pferd auch sicher sein kann, dass es jetzt noch nicht gemeint ist.

Phase 1: Schalten Sie Ihre Energie ein, während Sie sich langsam aber mit viel Intention und Fokus Ihrem Pferd zuwenden. Heben Sie dabei die Arme bis knapp über die Waagerechte an. Die Zeigefinger zeigen in Richtung Pferd („Du bist jetzt gemeint!", S. 40). Dann beginnen Sie mit den Händen zu „wackeln". Tun Sie das von oben nach unten und mit Rhythmus so weich wie möglich – nicht hektisch und nicht zu lasch!

Phase 2: Setzen Sie nun den Rhythmus immer noch rund und weich mit dem ganzen Unterarm fort. Dabei halten Sie den Stick so locker in der Hand, dass er noch keine Energie in Richtung Pferd schickt, sondern sich nur mit hoch- und runterbewegt.

Phase 3: Jetzt führen Sie den Rhythmus mit Ihrem ganzen Arm weiter. Machen Sie die Bewegungen nicht schnell und nicht starr, sondern weich und rund. Damit nicht so viel Druck über das Halfter am Kopf ankommt, machen Sie mit dem Seil nicht mehr Energie als bei Phase 2. Der Stick bewegt sich allerdings jetzt mit nach vorn und hinten. Die Energie Ihrer Arme und des Sticks darf dabei nicht rechts und links am Pferd vorbeigehen, sondern muss von vorn an der Brust ankommen.

Phase 4: Der Stick touchiert das Pferd jetzt an der Brust. Erst leicht, dann immer deutlicher, bis das Pferd anfängt, sich nach hinten zu bewegen.

Wichtig!

Die eigentliche Energie in Richtung Pferd sollte in Phase 3 und 4 nur vom Stick kommen. Das Seil in der anderen Hand soll zwar weiterhin mitschwingen und etwas (weiche) Energie zum Halfter schicken. Doch heftiges Wackeln am Halfter ist unangenehm für das Pferd und fühlt sich auch für uns schlecht an. Das ist höchstens in Notfällen angebracht.

Häufige Probleme und Lösungen

Das Pferd ist abgelenkt und passt nicht auf

Wenn das Pferd nur abgelenkt ist, ignorieren Sie das; ziehen Sie Ihre Phasen entspannt aber gleichmäßig und konsequent durch. Pferde nehmen das wahr, auch wenn sie nicht sofort darauf reagieren.

Ist das Pferd dagegen unsicher, klären Sie den Grund der Unsicherheit. Liegt es an Ihnen, an der Übung oder an äußeren Einflüssen? Kümmern Sie sich darum (siehe „Du bist nicht gemeint", S. 40), und beginnen Sie noch mal von Neuem.

Hier ist es nicht ratsam, sich auf eine Konfrontation einzulassen. Lassen Sie sich Zeit, steigern Sie Ihre Phasen langsamer. Wenn Sie ein extremes Fluchttier vor sich haben, entspannen Sie zuerst die Situation und beginnen lieber noch mal von vorne.

Das Pferd weicht mit der Vorhand zur Seite aus

Lernen Sie, das frühzeitig zu bemerken, um früher einwirken zu können. Benutzen Sie das Seil etwas deutlicher. Am besten bereiten Sie das zunächst mit der Übung „Rückwärts durch Rhythmus am Seil" (S. 113) separat vor. Es ist auch möglich, das Ausweichen mit dem Strick seitlich zu begrenzen. Jedoch darf das nicht die Frage nach dem Rückwärts unterbrechen. Gehen Sie wenn möglich nicht mit zur Seite, denn dann hat Ihr Pferd Ihnen beigebracht mitzukommen, wenn es sich wegdreht.

Hören Sie auf, sobald es rückwärts weicht, auch wenn es dann schief steht.

Das Pferd geht gegen den Druck nach vorn

Beanspruchen Sie generell mehr Ihre Privatzone. Achten Sie auf Ihren Fokus: Lehnen Sie sich nach hinten? Wirken Sie defensiv? Denken Sie ans Ausweichen? Oder halten Sie das Seil zu kurz? Dann ist das eine Einladung an Ihr Pferd, in Sie hinein zu laufen. Wenn das trotz gutem Fokus passiert, gehen Sie direkt zu einer angemessenen Phase 4 über und belohnen den kleinsten Schritt rückwärts.

Manche Pferde sind allerdings neugierig und schnuppern evtl. nur aus Interesse an Ihrem Seil oder Ihren Fingern – freuen Sie sich darüber und versuchen Sie es mit etwas mehr Abstand erneut.

Wenn Sie Ihr Pferd nur rückwärts schicken, denkt es ziemlich schnell auch rückwärts. Ziel ist es jedoch immer die Balance zu finden: Können Sie Ihr Pferd genauso gut vorwärts wie rückwärts fragen (z. B. so wie wir es bei der Führübung auf S. 71 beschrieben haben)?

Das Pferd geht nicht rückwärts

Versuchen Sie es zunächst mit direktem Gefühl am Halfter oder an der Nase. So geben Sie dem Pferd mehr Führung mit mehr Ruhe. Das ist eindeutiger, klarer und verständlicher für Ihr Pferd.

Experimentieren Sie ein wenig: Manche Pferde verstehen besser, wenn der Stick bei Phase 3 auf den Boden tapst oder wenn man eher die Beine touchiert als die Brust. Auf jeden Fall, wie immer: die kleinsten Versuche (z. B. Gewichtsverlagerung) mit Aufhören, Pause oder gar Feierabend belohnen.

Manchen Pferden fällt das Rückwärts aber auch physisch schwer. Klären Sie das ab und machen Sie langsame, kleine Schritte.

Das Ergebnis: Ihr Pferd weicht nur auf Fokus und eine nette Frage rückwärts.

Herausforderungen: So geht es weiter

Machen Sie aus einem Schritt mehrere Schritte rückwärts (Ziel: bis ans Ende des Seils). Pferde können sehr schnell fein werden, so können Sie selbst die Phase 1 immer weiter reduzieren, bis sogar nur noch Ihr Fokus und Ihre Körperspannung (ohne „Fingerwackeln") übrig bleiben. Schicken Sie das Pferd rückwärts durch ein Tor, in den Hänger etc.

Rückwärtsrichten neben dem Pferd

Sinn und Ziel

Sie können das Pferd rückwärts fragen bzw. mit ihm rückwärts gehen, während Sie mit gleicher Blickrichtung neben ihm stehen.

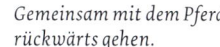

Gemeinsam mit dem Pferd rückwärts gehen.

Das ist praktisch im Alltag beim Führen neben dem Pferd, zum Beispiel bei Pferden, die drängeln oder gerne überholen, oder zum Anhalten an der Straße, vor der Box etc. Außerdem können Sie so Ihr Pferd rückwärts fragen, ohne erst vor das Pferd kommen zu müssen.

Die Übung wird später Gangartenübergänge nach unten und Stopps unterstützen, vom Boden aus sowie als Vorübung für das Reiten. Für die Freiarbeit ist es ein wichtiger Baustein, denn man macht sich unabhängiger davon, am Seil zu ziehen oder festzuhalten.

Voraussetzungen

Das Rückwärts von vorn; die Energie hochfahren und ausschalten; den Fokus gezielt einsetzen.

Vorbereitung

Stellen Sie sich auf Schulterhöhe neben das Pferd, mit Blickrichtung nach vorn. Der Stick ist in der Hand neben dem Pferd, das Seil in der äußeren. Für die ersten Schritte hilft es, wenn das Pferd parallel zur Bande steht, damit es besser versteht, dass es rückwärts gehen soll.

Durchführung

Die Phasen sind eigentlich die gleichen wie die, die Sie vor dem Pferd gemacht haben, sie sind nur gewissermaßen seitenverkehrt. Fokus und Energie, also auch der Rhythmus und das Tapsen mit dem Stick, sind nun nach hinten gerichtet.

Phase 1: Rückwärts denken

Schauen Sie geradeaus, beginnen Sie „rückwärts" zu denken und nehmen Ihren Bauchnabel zurück. Suchen Sie sich einen Fokuspunkt, aber orientieren Sie sich nicht zu diesem hin, sondern davon weg. Heben Sie dabei die Unterarme etwa waagerecht an und beginnen Sie leichten Rhythmus mit den Händen zu machen.

Phase 2: Rhythmus mit den Unterarmen

Dabei schwingt auch das Seil leicht mit und der Stick bewegt sich – allerdings wieder nur hoch und runter.

Phase 3: Rhythmus mit dem Stick

Energie und Bewegung des Stickarms verstärken sich. Der Stick „wackelt" jetzt vor der Brust des Pferdes vor und zurück. Der Impuls der Armbewegung ist aber eher rückwärtsgerichtet. Das Seil schwingt im Rhythmus mit.

Phase 4: Der Stick touchiert die Pferdebrust

Tapsen Sie mit dem Stick erst leicht und dann deutlicher. Der Seilarm hat dabei aber immer noch die Energie von Phase 2.

Sobald das Pferd einen Schritt rückwärts macht, gehen Sie diesen Schritt mit rückwärts und schalten sich dann (wie immer) aus.

Auch wenn Sie aus dem ersten Schritt mehrere machen möchten, bewegen Sie sich zusammen mit dem Pferd rückwärts. Aber wirklich nur mitlaufen – das Pferd macht den ersten Schritt.

PHASE 1

PHASE 2

PHASE 1 *Mit Ihrem Fokus denken Sie rückwärts, während die Hände mit dem Rhythmus beginnen.*

PHASE 2 *Rhythmus mit den Unterarmen*

PHASE 3

PHASE 4

PHASE 3 *Rhythmus mit dem Stick*

PHASE 4 *Der Stick touchiert die Pferdebrust.*

Häufige Probleme und Lösungen

Das Pferd weicht nicht

Beginnen Sie als Vorbereitung mit einem Rückwärtsrichten von vorn. Überprüfen Sie Ihren Fokus (denken Sie rückwärts?) und seien Sie konsequent.

Das Pferd weicht mit der Hinterhand oder geht nach vorne

Möglicherweise stehen Sie zu weit hinten oder Sie machen mit dem Stick sowohl vorne als auch hinten Rhythmus, d. h. Sie schwingen ihn vor und zurück, anstatt ihn vor dem Pferd hoch und runter zu bewegen. So landet ein Teil der Energie bei der Hinterhand.

Meist zieht man auch noch unbewusst am Seil, was zur Folge hat, dass sich die Pferdenase zu Ihnen hin und die Hinterhand von Ihnen weg bewegt.

Nutzen Sie außerdem Ihren Fokus: „Schieben" Sie sich auf jeden Fall von Ihrem Fokuspunkt aus nach hinten weg!

Wenn das Pferd zwischen Ihnen und der Bande steht, empfindet es das womöglich als unangenehmen Engpass, aus dem es lieber nach vorn entkommen möchte. Helfen Sie Ihrem Pferd, indem Sie den Abstand zu ihm ein bisschen vergrößern.

Das Pferd weicht mit der Vorhand zur Seite

Kommt die Energie aus Sicht des Pferdes tatsächlich von vorn? Oft schickt man durch Kreisbewegungen mit dem Stick unabsichtlich die Vorhand weg, da der Rhythmus aus Sicht des Pferdes von der Seite kommt. Der Stick soll bei Phase 3 und 4 vor der Brust „wackeln" und von vorn an der Brust tapsen. Außerdem sollten Sie spätestens jetzt auf jeden Fall die Bande als Begrenzung zu Hilfe nehmen.

Die meisten Probleme hängen hier mit Ihrer Position zusammen. Sie stehen jetzt neben dem Pferd und wollen es eigentlich von vorne beeinflussen. Diese Position bedeutet für das Pferd natürlicherweise jedoch eher vorwärts zu weichen. Das ist für beide Seiten nicht immer leicht zu verstehen.

Das Pferd geht nach der Frage weiter rückwärts

Eventuell haben Sie zu viel verlangt oder zu heftig touchiert. Kümmern Sie sich in diesem Fall nicht so sehr um ein gutes Ergebnis, sondern legen Sie nach der Frage besonders viel Wert auf die Botschaft: „Du bist jetzt nicht (mehr) gemeint" (siehe S. 40). Bleiben Sie währenddessen in Ihrer Position und gehen Sie mit, bis Ihr Pferd anhält – auch wenn das einige Meter braucht.

Herausforderungen: So geht es weiter

Sie können den Abstand zum Pferd vergrößern, aus dem Schritt rückwärtsrichten oder abwechselnd rückwärts und vorwärts gehen. Daraus
ergeben sich dann Gangartübergänge nach unten (z. B. beim „Bleib bei
mir"). Antwortet das Pferd zuverlässig, auch ohne Einsatz von Stick
und Seil, lässt sich aus dieser Übung leicht das Rückwärts von hinter
dem Pferd entwickeln: Verlegen Sie Ihre Position in kleinen Schritten
immer weiter nach hinten.

Eine mögliche Herausforderung: Die Position von der Seite nach hinten verlegen.

Rückwärtsrichten durch Rhythmus am Seil

Die feine Kommunikation über das Seil macht Ihnen den Alltag und viele weiterführenden Übungen leichter.

Sinn und Ziel

Das Pferd lernt, durch ein rhythmisches Gefühl („wackeln") am Seil
nach hinten zu weichen. Dies ist nützlich, um das Rückwärts aus Positionen neben oder hinter dem Pferd zu fragen.

Das ist ein wichtiger Baustein, z. B. für das Zirkelspiel, die Slalom-
übung, Führen aus der Sattellage und viele andere Übungen, bei denen
man das Pferd aus der Entfernung fragen muss, nicht schneller oder
wieder langsamer zu werden.

PHASE 1

PHASE 2

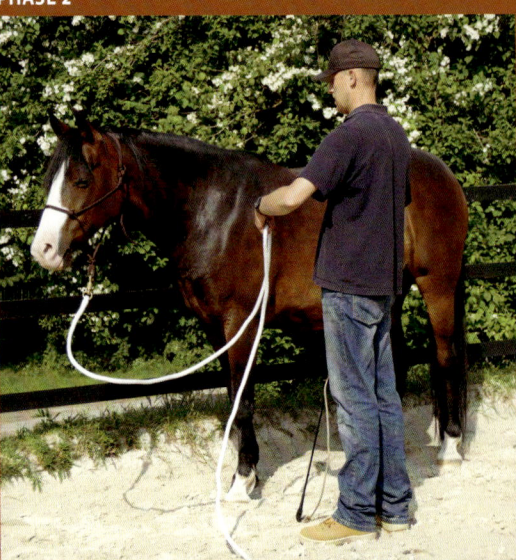

PHASE 3

PHASE 4

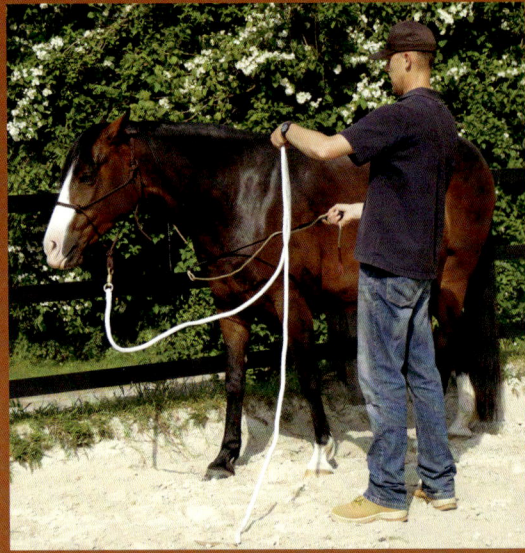

PHASE 1   *Nur die Hand „wackelt" am Seil.*

PHASE 2   *Rhytmus mit dem Unterarm.*

PHASE 3   *Der Stick kommt vor der Pferdebrust zum Einsatz.*

PHASE 4   *Der Stick tapst die Pferdebrust.*

Durchführung

Stellen Sie sich auf Halshöhe mit etwa 1 m Abstand neben das Pferd und schauen es an. Das Seil nehmen Sie in die Hand auf der Kopfseite des Pferdes, den Stick in die andere. Vorsichtshalber können Sie das Pferd auch hier wieder parallel zur Bande aufstellen.

Phase 1: Beginnen Sie sehr fein, weich und gleichmäßig nur mit der Hand am Seil zu wackeln.

Phase 2: Wackeln Sie jetzt (und auch in Phase 3 und 4) mit dem ganzen Unterarm, aber unbedingt flüssig und mit Gefühl.

Phase 3: Nun heben Sie Ihren Stick vor die Brust des Pferdes und beginnen damit Rhythmus in Richtung Pferdebrust zu machen.

Phase 4: Während der Unterarm weiter weich und leicht am Seil wackelt, touchieren Sie das Pferd mit dem Stick an der Brust; erst mit leichtem Rhythmus, dann immer etwas bestimmter.

> **Anmerkung**
> Man kann diese Übung auch nur mit dem Seil und von vorn durchführen. Das ist aber oft mit heftigem Seilwackeln verbunden, was zum einen aber, wie schon gesagt, unangenehmer ist und zum anderen meist weniger Sinn für das Pferd macht. Daher haben wir uns hier für die Mischvariante entschieden.

Häufige Probleme und Lösungen

Die Vorhand kommt zu Ihnen

Die Ursache dafür liegt meist darin, dass Sie das Seil zu kurz haben und/oder damit versuchen, das Pferd rückwärts zu ziehen.

Die Vorhand weicht von Ihnen weg

Wenn Sie das Pferd an die Bande stellen, sollte sich das Problem von selbst lösen. Achten Sie trotzdem darauf, dass Sie das Seil nicht zu lang lassen und dass die Energie des Sticks auch direkt von vorn an der Brust ankommt und nicht von der Seite.

Das Pferd geht nach vorn

Das Wackeln am Halfter kann das Pferd zunächst verunsichern, besonders in der Enge zwischen Ihnen und der Bande. Beginnen Sie mit feinerem Rhythmus am Seil und/oder setzen Sie direkt den Stick ein, anstatt fester am Seil zu schütteln. Das ist erstens effektiver und verhindert zweitens, dass die Unsicherheit noch größer wird.

Herausforderungen: So geht es weiter

Die Möglichkeit, das Pferd über das Seil am Halfter rückwärts zu fragen, macht Ihnen sehr viele Übungen leichter oder gar erst möglich, wie z. B. das Zirkelspiel (S. 127) oder das Führen aus der Sattellage (S. 139). Sie können aber auch sich und das Pferd testen, indem Sie mit immer weniger Energie, aus größerem Abstand oder aus schwierigeren Positionen das Pferd über Seil und Halfter rückwärtsgehen lassen.

Die Vorhand beeinflussen von vorn

Sinn und Ziel

Während Sie vor dem Pferd stehen, können Sie die Vorhand auf Fingerzeig punktgenau nach rechts oder links fragen. Meist ist es mit viel unangenehmer Energie und Aufwand verbunden, das aus einer Position neben dem Pferd zu lernen und zu lehren. Pferde weichen nämlich nicht gern mit der Vorhand. Wenn sie zusätzlich noch angespannt sind, überwiegt eindeutig die Vorwärtstendenz.

Daher bereiten wir das gern von vorn vor, damit wir schon allein durch unsere Position das Vorwärts etwas blockieren können. Es schadet nicht, immer mal wieder die Frage im Hinterkopf zu haben: „Wie kann ich es dem Pferd und mir am leichtesten machen?"

Kompetenzfragen werden oft über die Vorhand geregelt.

Beziehung: Rangordnungs- oder besser gesagt Kompetenzfragen werden häufig über die Vorhand ausgetragen (z. B. Nasenbeißerspiel). Wenn Sie die Vorhand Ihres Pferdes mit wenig Aufwand bewegen können, wird das auf jeden Fall Eindruck bei ihm hinterlassen.

Vorbereitung auf andere Übungen: Besonders das Zirkelspiel baut direkt darauf auf. Doch auch für andere Übungen, bei denen das Bewegen der Vorhand eine Rolle spielt, ist es wichtig. Zum Beispiel für den Slalom und die Acht, aber auch für die Hinterhandwendung, Spins, Cutting, Pirouetten usw.

> Die Vorhand zu beeinflussen ist eine besonders schwierige Übung, da extrem unsichere und extrem sichere Pferde es nicht gut können bzw. machen. Daher ist hier einmal mehr die richtige Mischung zwischen Gefühl und Konsequenz gefragt.

Voraussetzungen
Sehr gutes Ausschalten, Timing, „Du bist nicht gemeint" (siehe S. 40).

Vorbereitung
Die Ausgangsposition ist die gleiche wie beim Rückwärts von vorn. Sie sollten das Pferd bequem mit dem Stick am Hals streicheln können.

Das Seil haben Sie auf derjenigen Seite in der Hand, in die das Pferd weichen soll, den Stick in der anderen.

Da dies unter anderem eine direkte Vorbereitung auf das Zirkelspiel ist, legen Sie besonderen Wert auf den Unterschied zwischen Ein- und Ausschalten. Dieser Unterschied wird dort eine entscheidende Rolle spielen!

Die Grundposition: Stellen Sie Ihr Pferd so vor sich hin, dass Sie mit halb ausgestrecktem Arm bequem seinen Hals mit dem Stick streicheln können.

1

2

3

PHASE 1

PHASE 2

PHASE 3

PHASE 4

1 – 2 *Das Seil darf beim Losschicken nicht zu kurz und auch nicht zu lang sein.*

3 *So sollte das Gefühl des Führseils am Halfterknoten ankommen.*

PHASE 1 *Nur der Seilarm stellt die netteste Frage: „Könntest du bitte mit deiner Vorhand einen Schritt nach links machen?"*

PHASE 2 *Jetzt erst wird der Stick aktiv: „Ich habe auch meinen Stick als Unterstützung mitgebracht!"*

PHASE 3 *Als Phase 3 machen Sie mit dem Stick kreisende Bewegungen in Richtung des Pferdehalses.*

PHASE 4 *Der Stick touchiert den Hals des Pferdes.*

Durchführung

In unserem Beispiel soll die Vorhand (von Ihnen aus gesehen) nach links weichen.

Phase 1: Heben Sie den linken Arm inklusive Seil und „zeigen" Sie damit nach links, nicht ruckartig und auch nicht zu lasch (mit Intention). Ziehen Sie nicht am Seil, das zieht das Pferd eher nach vorn. Lassen Sie es aber auch nicht zu lang, damit es keine Missverständnisse gibt und das Pferd in die andere Richtung weicht.

Die Seillänge ist optimal, wenn Sie dem Pferd am lockeren Seil ein leichtes Gefühl am Halfter übermitteln können.

Der Stick ist dabei noch völlig inaktiv!

Phase 2: Heben Sie jetzt den Stick mit dem anderen Arm zur Seite an (Tendenz nach vorn). Der linke Arm bleibt dabei wie in Phase 1.

Die Botschaft an das Pferd lautet wieder: „Ich habe auch mein Stöckchen mitgebracht."

Phase 3: Die Phase 3 besteht auch hier aus kreisenden Bewegungen des Sticks (in diesem Fall links herum). Diese Kreise werden langsam größer und nähern sich immer mehr dem Hals/der Schulter des Pferdes an.

Phase 4: Touchieren Sie mit gleichbleibendem Rhythmus die Schulter/ den Hals des Pferdes mit langsam steigender Intensität. Versuchen Sie mit wirklich feiner Berührung zu beginnen, aber den Rhythmus aus Phase 3 beizubehalten.

Häufige Probleme und Lösungen

Das Pferd geht nach vorn statt zur Seite

Ist Ihr Seil lang genug? Möglicherweise brauchen Sie auch mehr Abstand, um besser mit dem Stick agieren zu können. Wenn das beides nicht das Problem ist, brauchen Sie mehr Fokus und deutlichere Körpersprache: Wenn Sie sich zurücklehnen, den Arm zu weit nach außen oder nach hinten strecken, ist das eine eindeutige Einladung zum Reinkommen. Lehnen Sie sich stattdessen in Richtung Pferd,

zeigen Sie mit dem Führarm eher nach vorn als zur Seite und lassen
Sie ihn auch dort! Tapsen Sie ggf. etwas deutlicher mit dem Stick im
oberen Halsbereich.

Nicht nach vorn zu gehen ist für manche Pferde schwer. Erwarten
Sie keine 100%ige Verbesserung jetzt sofort.

Das Pferd weicht nach hinten

Da alles, was Sie hierbei tun, vom Pferd aus gesehen von vorn kommt,
haben sensible Pferde leicht den Eindruck, sie sollen nach hinten weichen. Drehen Sie Ihre Körperachse ein wenig mehr in die Richtung,
in die es gehen soll, und machen Sie dem Pferd die „Tür" vorn etwas
mehr auf: Zeigen Sie mit Ihrem Arm weiter nach hinten (dabei aber
trotzdem nicht ziehen!).

Gehen Sie mit dem Pferd rückwärts, bis es merkt, dass es zur Seite
eigentlich viel Platz hat. Nur in Ausnahmefällen ist es hier hilfreich,
die Energie von Stick oder Seilende zu erhöhen, nachdem das Pferd be-
gonnen hat rückwärts zu gehen. Halten Sie Ihre Frage also so freundlich wie möglich.

Die Vorhand weicht in die andere Richtung

Nehmen Sie das Seil kurz genug (ohne zu ziehen), sodass das Pferd nicht
in die andere Richtung gehen kann, und/oder sorgen Sie freundlich,
aber konsequent auf der „falschen" Seite für eine Grenze mit dem Stick.

Die Hinterhand weicht

Stellen Sie sich nicht seitlich neben bzw. vor das Pferd und beugen Sie sich nicht zur Seite, sonst landet die Energie des Sticks bei der Hinterhand.

Versuchen Sie Ihren Fokus am Anfang eher auf ein Rückwärtsrichten zu haben, bevor Sie die Vorhand schicken. Das verlagert das Gewicht eher auf die Hinterhand, womit es leichter wird die Vorhand zu bewegen.

Das Pferd bleibt nach der Frage nicht stehen

Hier ist Geduld gefragt. Bringen Sie dem Pferd bei: „Du bist jetzt nicht mehr gemeint" (siehe S. 40). Achten Sie besonders darauf, keine fordernde Energie mehr zu haben.

Wenn Sie das Pferd dabei zusätzlich mit dem Stick am Hals streicheln und ggf. durch leichten Rhythmus am Seil daran erinnern, nicht vorwärts zu denken, wird es den Unterschied zwischen Frage und Pause besser verstehen.

Das Pferd geht nach einigen Versuchen schon los, bevor Sie es gefragt haben

Wenn es ihnen am Anfang auch schwerfällt, nehmen Pferde diese Antwort gerne vorweg, wenn sie erst einmal wissen, worum es geht. Sie müssen auf gutes Ausschalten auch vor der Frage achten. (Siehe bei der Übung „Du bist nicht gemeint" das Beispiel „Voreingenommenheit", S. 46)

Wenn es aus Unaufmerksamkeit losgeht, nutzen Sie Stick und Seil, um dem Pferd eine Grenze zu setzen. Ist es aber unsicher und aufgeregt, bringen Sie es über die Hinterhand (siehe S. 61) zur Ruhe und zum Stehenbleiben.

Schicken Sie die Vorhand des Pferdes erst wieder los, wenn es ruhig stehen kann.

Herausforderungen: So geht es weiter

Wenn Sie mehrere Schritte hintereinander fragen und dabei mit dem Pferd mitgehen, haben Sie eine Hinterhandwendung; tun Sie das später noch etwas schneller, wird daraus vielleicht ein Spin vom Boden aus (falls das Pferd dafür Talent hat).

Legen Sie immer mehr Wert darauf, dass die Vorhand sich auch wirklich um die Hinterhand dreht und vorn richtig kreuzt. Das macht es dem Pferd leichter, das Gewicht immer mehr auf die Hinterhand zu verlagern.

Die Vorhand beeinflussen von der Seite

Sinn und Ziel

Ziel dieser Übung ist, die Vorhand von Ihnen weg weichen zu lassen, aus einer Position neben dem Pferd. Sinnvoll ist diese Übung für Situationen, in denen man die Vorhand oder das ganze Pferd von sich weg fragen muss, besonders in der Bewegung und um Hindernisse herum.

Vorbereitung für: Führen aus Sattellage, Zirkel vergrößern, Seitengänge und Gymnastizierung, Slalom sowie später auch für das Reiten mit dem Stick.

Voraussetzungen

Die Vorhand beeinflussen von vorn; Rückwärtsrichten mit Rhythmus am Seil. Gutes Timing beim Ausschalten; eine gute Vorausschau, wohin sich die Vorhand und das Pferd bewegen werden, um rechtzeitig

Um die Vorhand von der Seite zu bewegen, brauchen Sie eine klare und deutliche Körpersprache und ein gutes Auge für die Reaktionen des Pferdes.

handeln zu können (da sie jetzt nicht mehr, wie bei der Übung zuvor, selbst als Grenze fungieren, hat das Pferd mehr Gelegenheit einfach nach vorn zu weichen).

Vorbereitung

Stellen Sie sich in etwa 1,5 m Entfernung auf Höhe des Pferdehalses etwa mit gleicher Blickrichtung neben das Pferd. Den Stick haben Sie in der Hand auf der Pferdeseite, das Seil in der anderen.

Seien Sie wirklich ausgeschaltet, denn einige Pferde können mit dem Menschen in dieser Position nicht gut stehen bleiben. Sie wollen entweder zu ihm kommen oder sie denken, sie sollen im Kreis laufen. Wenn Ihr Pferd damit ein Problem hat, dann klären Sie das mit der Übung „Du bist nicht gemeint". Fangen Sie mit der eigentlichen Frage erst an, wenn das Pferd in dieser Ausgangsposition gut stehen bleiben kann.

Durchführung

Phase 1: Wenden Sie sich dem Pferd zu (immer noch auf Halshöhe). Zeigen Sie mit dem Führarm in Richtung Pferdenase bzw. -kopf und beginnen Sie mit dem Arm in Richtung Nase zu „pumpen". Passen Sie dabei aber auf, dass das Seil nicht so sehr wackelt, sodass es das Pferd eher rückwärts treibt.

Phase 2: Heben Sie den Stick an und beginnen Sie auch damit, rhythmisch in Richtung Hals zu pumpen.

Phase 3: Bewegen Sie sich langsam und mit viel Intention (Fokus) einen Schritt auf das Pferd zu. Ihr Arm und der Stick machen weiter wie in Phase 2.

Phase 4: Bewegen Sie sich weiter Richtung Pferd, bis die Hand auf die Nase stupst und der Stick den Hals touchiert. Erst leicht, dann immer ein bisschen deutlicher. Haben Sie die Idee im Kopf weiterzulaufen, rennen Sie das Pferd jedoch nicht tatsächlich über den Haufen. Mit anderen Worten: Mit Ihrem Fokus laufen Sie zwar durch das Pferd durch, Ihre Bewegungen passen sich aber dem Pferd an.

Grundübungen

 In diesem Film sehen Sie die Grundübungen.
Unter www.m.kosmos.de/14073/v7 erhalten Sie die gleichen Infos.

PHASE 1

PHASE 2

PHASE 3

PHASE 4

PHASE 1 *Der Seilarm „pumpt" in Richtung Pferdekopf.*

PHASE 2 *Der Stick unterstützt Ihren Arm.*

PHASE 3 *Bei gleichem Rhythmus bewegen Sie sich auf das Pferd zu.*

PHASE 4 *Hand und Stick touchieren Nase und Hals des Pferdes.*

Häufige Probleme und Lösungen

Das Pferd geht nach vorn

Während der Frage: Benutzen Sie Rhythmus am Seil, um das Pferd zu bremsen. Aber wieder nur weich, angemessen und mit Gefühl. Wiederholen Sie das ggf. vorher noch mal separat. Positionieren Sie sich vom Pferd aus gesehen etwas mehr nach vorn, sodass Sie allein dadurch schon die Vorwärtstendenz eindämmen. Probieren Sie einige Positionen aus, um die beste zu finden.

Nach der Frage: Gaaanz deutliches Ausatmen und Ausschalten sind wichtig. Streicheln Sie das Pferd mit dem Stick wieder am Hals, am Mähnenkamm oder auch an der Sattellage.

Nach dem Vorhandweichen streichelt der Mensch das Pferd mit dem Stick an Hals oder Widerrist.

Das Pferd geht nach hinten

Ihre Position ist entweder zu weit vorn oder die Energie von Stick und Arm kommen zu weit vorne an. Vielleicht wackeln Sie auch bei den Pumpbewegungen mit Ihrer Hand am Seil, sodass das Pferd denkt, es soll vom Rhythmus am Halfter zurück weichen.

Die Hinterhand weicht mit

Sprechen sie ganz klar nur das vordere Ende des Pferdes an. Alternativ können Sie es zunächst noch mal mit dem direkten Gefühl versuchen. Und zwar indem Sie erst einen Schritt rückwärts und daraus einen Schritt die Vorhand von Ihnen weg fragen.

Die Hinterhand kommt auf sie zu

Das passiert schon mal, wenn das Pferd den Kopf sehr weit auf die andere Seite nimmt und dabei die Vorhand nicht bewegen kann oder will. Konzentrieren Sie sich nicht nur auf den Kopf- und Halsbereich, sondern vergessen Sie nicht, die Schulter mitzunehmen. Auch hier kann eine Vorbereitung mit dem direkten Gefühl helfen.

Herausforderungen: So geht es weiter

Wenn es gut klappt, dann können Sie auch bald ein paar Schritte hintereinander fragen. Gehen Sie dabei aber mit der Vorhand mit, um in Ihrer Position relativ zum Pferd zu bleiben (auf Hals- oder Schulterhöhe). Probieren Sie es auch aus größerer Entfernung.

Zusammengesetzte Übungen / Prinzipien

Das Zirkelspielprinzip

Sinn und Ziel

Sie können das Pferd auf Fingerzeig nach rechts oder links auf den Zirkel schicken und es behält selbstständig (kein Treiben, nicht mitdrehen) die von Ihnen gewählte Gangart bei.

Verantwortung und Mitbestimmung: Das ist der Kernpunkt dieser Übung: Hier lernt das Pferd seine Verantwortung kennen, die Gangart beizubehalten. Dies bedeutet nicht mehr Druck für das Pferd, sondern weniger, weil es durch eigene Entscheidungen Lösungen selbst herausfinden kann.

Das „Neutral": Ihre Verantwortung hingegen wird es dabei sein, neutral zu bleiben (nicht treiben, aber auch nicht ganz ausschalten). Diese Verantwortung haben Sie auch bei anderen Übungen. Das Zirkelspiel ist aber besonders geeignet, diese schwierige Form der Selbstkontrolle zu trainieren, weil sich dabei auch hinter Ihrem Rücken etwas abspielt. Man bekommt so direkt ein Feedback über Fehler oder Fortschritte.

Kapazitäten werden frei: Langfristig können Sie Gerte, Stick und beim Reiten Beine und Zügel für andere Dinge sinnvoll einsetzen, statt nur zum Treiben oder zum Zurückhalten – z. B. für Biegung und Stellung.

Präsenz und Fokus: Mensch und Pferd lernen, besser auf einander zu achten.

Was Sie hier lernen, können Sie auf sehr viele andere Situationen und bei sehr vielen anderen Übungen am Boden und beim Reiten anwenden. Immer dann, wenn es gilt, dem Pferd zu sagen: „So wie du es gerade machst, ist es gut. Mach' weiter so."

Beim Zirkelspiel stehen gegenseitige Verantwortungen im Mittelpunkt.

Voraussetzungen

Rückwärtsrichten von vorn; die Hinterhand wegfragen und positionieren, OHNE sich selbst zu bewegen; Beeinflussen der Vorhand von vorn und von der Seite; gutes Ein- und Ausschalten von Energie und Fokus.

Vorbereitung

Die Ausgangsposition ist die der Übung „Die Vorhand beeinflussen – von vorne" (siehe S. 16). Achten Sie auf ausreichend Platz für einen Zirkel, dessen Radius in etwa der Seillänge entspricht.

Hier ist ein Hilfsmittel als Markierung für Ihren Standpunkt nicht nur hilfreich, sondern sogar wichtig, da das Stehenbleiben ein ausschlaggebender Faktor ist.

Nachdem Sie bei sich selbst überprüft haben, dass Sie auch wirklich entspannt stehen können, überlegen Sie sich eine ganz konkrete Aufgabe im Rahmen des Zirkelspiels. Zum Beispiel: eine Runde im Schritt, linke Hand. Dieses Ziel kann sich schnell als viel zu hoch gesteckt herausstellen. Trotzdem gibt es Ihnen einen besseren Fokus.

Durchführung

Um das Pferd auf den Zirkel zu fragen, schicken Sie, wie Sie es schon gelernt haben, die Vorhand auf eine Seite. Sie soll jetzt nur ein wenig weiter hinaus weichen und zwar bis auf die gedachte Zirkellinie.

Der entscheidende Unterschied ist, dass Sie sich jetzt nicht ausschalten, wenn das Pferd weicht, sondern neutral werden. Das Neutral ist wie ein Stand-by-Modus: weder eingeschaltet noch ganz ausgeschaltet – es wird weder Energie hinzugefügt, noch welche weggenommen. Sie geben dem Pferd also keine Pause, treiben es aber auch nicht weiter. Lassen sie einfach beide Arme locker runterhängen, stehen Sie bequem, drehen Sie sich nicht mit – aber denken Sie weiterhin an Schritt!

Sich nicht mitzudrehen dient als Anhaltspunkt, ob Mensch und Pferd WIRKLICH die Bedeutung des Neutralseins verstanden haben: „Läufst du wirklich weiter, wenn ich neutral bleibe?" bzw. „Bleibst du wirklich neutral, wenn ich weiterlaufe?"

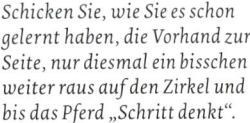

Schicken Sie, wie Sie es schon gelernt haben, die Vorhand zur Seite, nur diesmal ein bisschen weiter raus auf den Zirkel und bis das Pferd „Schritt denkt".

1  **2**

1–2 Es kann ein bisschen dauern, bis Mensch und Pferd den Unterschied zwischen „neutral" und „ausgeschaltet" verinnerlicht haben.

Die meisten Pferde werden erst einmal nach wenigen Schritten wieder anhalten, weil sie gewohnt sind, sich nur dann anzustrengen, wenn die Menschen ebenfalls viel Energie aufwenden. Und genau das ändert sich, wenn Sie dem Pferd konsequent die Spielregeln des Zirkelspiels erklären:

Regel Nr. 1: „Wenn du die Gangart unterbrichst, schalte ich meine Energie wieder ein, und das Spiel geht von vorn los."
Dabei ist es entscheidend, dass Sie das Pferd den „Fehler" machen lassen! Erst wenn es die Gangart tatsächlich unterbricht (also entweder eine Gangart hoch schaltet – was eher selten passiert – oder eine nach

1–2 „Wenn du von selbst eine Pause machst, fangen wir das Spiel wieder von vorn an."

1  **2**

unten bzw. stehen bleibt), wenden Sie sich ihm zu, fragen es entweder nett aber unmittelbar weiter oder bremsen es wieder möglichst weich herunter (ausatmen, Rhythmus am Seil).

Regel Nr. 2: „Wenn du weiterläufst, dann bleibe ich neutral und du hast auf dem Zirkel deine Ruhe."

Bleibt es in der gefragten Gangart – egal ob flott oder langsam – bleiben Sie neutral.

Viele Menschen glauben, ihr Pferd läuft nicht weiter, weil sie sich nicht mitdrehen. Dabei ist eher das Gegenteil der Fall: Nur wenn sie sich nicht mitdrehen, lernen die Pferde das Weiterlaufen und gerade weil sie sich immer mitgedreht haben, haben sie dem Pferd beigebracht, stehen zu bleiben, wenn der Mensch sich nicht mitdreht. Klingt kompliziert – ist aber so.

Dauerenergie stumpft ab. Diese Dauerphase 3 fühlt sich irgendwann an wie neutral und das Neutral fühlt sich dann an wie total ausgeschaltet. Deswegen bleiben die Pferde stehen.

Regel Nr. 3: „Wenn du dir Mühe gibst, machen wir zusammen eine Pause."

Bietet Ihnen das Pferd etwas mehr an als zu Beginn, braucht es eine positive Rückmeldung in Form einer Pause. Atmen Sie tief aus, schalten Sie sich ganz aus und beugen Sie sich dabei Richtung der Hinterhand des Pferdes.

Das Pferd braucht nun nicht mehr weiterzulaufen, sollte idealerweise mit der Hinterhand weichen und sich Ihnen wieder zuwenden (etwa wie in der Ausgangsposition).

Tut es das nicht, können Sie das Seil benutzen und mit viel Gefühl etwas Energie Richtung Halfter schicken (wackeln).

Eine Frage (wie hier das Hinterhandweichen) empfinden sensible Pferde manchmal nicht als Belohnung. Sie schaffen es dann nicht abzuschalten und (beim Menschen) Pause zu machen. In diesem Fall können Sie auch einfach Ihren Standort verlassen und direkt zusammen mit dem Pferd aus der Übung rausgehen.

Die Alternative: Verlassen Sie Ihren fixen Standort und gehen zusammen mit dem Pferd aus der Aufgabe heraus.

Häufige Probleme und Lösungen

Sie erreichen Ihr Ziel auch nach vielen Versuchen nicht

Schicken Sie das Pferd einige Male ohne Zielsetzung los, um herauszufinden, wie weit es selbstständig geht. Formulieren Sie Ihr Ziel erst
danach. Wenn es zwei Schritte geht, nehmen Sie sich fünf Schritte
vor, geht es eine halbe Runde, peilen Sie eine dreiviertel Runde an etc.

Achten Sie schon beim Losschicken darauf, dass Sie Ihr Pferd weit
genug hinaus auf den Zirkel schicken.

Ihre eigene Energie muss dem gesetzten Ziel entsprechen, auch
wenn Sie nach dem Losschicken wieder neutral werden.

Klappt es immer noch nicht, sorgen Sie für etwas mehr Startenergie
beim Pferd, indem Sie noch einen kleinen Impuls mit dem Stick setzen, wenn es schon losgelaufen ist; erst hinter dem Pferd, dann auf
der Kruppe. Steigern Sie ggf. die Intensität bei jedem Versuch, bis Sie
merken, dass es sich mehr Mühe gibt.

Das Pferd verkleinert den Zirkel (Spirale)

Verkleinert das Pferd den Zirkel und Sie möchten es wieder hinausschicken, muss Ihre Energie das Pferd nach außen schicken, nicht nach vorn.

Schicken Sie das Pferd nicht weiter (in Laufrichtung zeigen), sondern
nach außen (Energie in Richtung Kopf/Hals). Zur Unterstützung ziehen
Sie einen Hilfskreis in den Sand oder stellen sich Pylone als Orientierung

auf: Bleibt das Pferd außerhalb davon, sind Sie neutral, übertritt es ihn, werden Sie aktiv. Wenn das Pferd den Zirkel allerdings nur geringfügig verkleinert, dann machen Sie sich darüber am Anfang keine Sorgen und lassen Sie es das ruhig tun.

Das Pferd hält nicht an bzw. dreht sich nicht zu Ihnen herein

Atmen Sie deutlich aus, entspannen Sie sich und beugen Sie sich deutlich hinunter in Richtung Hinterhand oder knien Sie sich sogar hin. Schicken Sie nach Möglichkeit nicht aktiv die Hinterhand weg, damit würden Sie nur wieder mehr Energie erzeugen.

Sie können auch einfach Ihren Standort verlassen und direkt aus der Übung herausgehen, aber auch hier ist das Ausschalten das Wichtigste.

Gegebenenfalls wiederholen Sie das Hinterhandweichen noch mal separat.

Herausforderungen

Mit der Zeit werden Sie immer mehr Runden schaffen, ohne das Pferd dazwischen zu korrigieren (übertreiben Sie es am Anfang aber nicht, das langweilt Pferde schnell). Wenn Sie sich auf eine Aufsteighilfe stellen, auf eine Tonne oder sogar auf den Boden setzen, können Sie testen, wie gut Ihr Neutralsein bzw. wie groß der Respekt des Pferdes ist.

Später wird das in Kombination mit den „Übungen für freies Spielen mit dem Pferd" auch ohne Seil funktionieren.

In eine höhere Gangart wechseln

Bevor Sie das Zirkelspielprinzip im Trab oder Galopp spielen können, sollte das Pferd im Schritt schon bereits verstanden haben, dass es für die Einhaltung der Gangart verantwortlich ist.

Wenn Sie Ihr Pferd nach einer höheren Gangart fragen möchten, funktioniert dies quasi nach dem gleichen Prinzip wie das Losschicken in den Schritt. Wir unterscheiden hier allerdings zwei Techniken, die je nach Verhalten des Pferdes sinnvoll sind. Phase 1 und 2 sind bei beiden Techniken gleich!

Um es dem Pferd möglichst einfach zu machen, fragen Sie es zunächst nach Schritt und lassen es etwa eine viertel Runde gehen.

Das Zirkelspiel ist eine komplexe Übung. Auch wenn nicht alles sofort funktioniert, verzweifeln Sie nicht, sondern lassen Sie sich auf die Situation ein und halten sich nicht an ein starres Muster. Bei komplexen Prinzipien geht es zunächst um das Verständnis und erst später um Verfeinerung.

Deutliches Energiehochfahren und Zeigen in Laufrichtung des Pferdes.

Phase 1: Beginnen Sie sich mit dem Pferd in dessen Laufrichtung zu drehen, denken Sie Trab (z. B. für eine Runde) und bringen Sie die entsprechende Energie in Ihren Körper, indem Sie sich aufrichten und tief einatmen. Zeigen Sie dabei in die Laufrichtung des Pferdes. Gerne können Sie an dieser Stelle auch ein persönliches Signal einbauen, das Ihnen das Hochschalten bei anderen Übungen auch vereinfachen wird. Für Trab bietet sich z. B. ein einmaliges Schnalzen an.

Phase 2: Sollte das Pferd hierauf noch nicht reagieren, so heben Sie den Stick, welcher bisher noch neutral neben Ihnen hing, schräg hinter sich an.

    Ab hier haben Sie nun zwei Möglichkeiten:

Anheben des Sticks, während das Pferd läuft und sich der Mensch mitdreht.

Die Energie des Sticks geht in Richtung Pferdeschulter.

Technik 1:

Sollten Sie ein Pferd haben, das auf dem Zirkel eher etwas nach innen tendiert, empfehlen wir, die Energie auch beim Hochschalten in Richtung Pferdeschulter zu senden. Hierbei wäre der Ablauf wie folgt:

Phase 3: Beginnen Sie, mit Stick und Seilchen Rhythmus in Richtung Pferdeschulter zu machen.

Phase 4: Tapsen Sie das Pferd mit dem Seilchen im Bereich der Schulter. Wie immer erst leicht und bei Bedarf immer stärker, bis es antrabt. Unabhängig bis zu welcher Phase Sie gehen mussten, werden Sie sofort neutral, sobald das Pferd die richtige Idee hat.

Technik 2:

Driftet Ihr Pferd auf dem Zirkel eher nach außen, ist es besser, wenn sich die Energie eher von hinter dem Pferd aus aufbaut. Dies ermutigt es, vorwärts zu laufen. Gleichzeitig nehmen Sie aber auch leichten Einfluss auf die Hinterhand, die minimal nach außen weicht. Hierdurch orientiert sich das Pferd wieder mehr zu Ihnen hin, ohne zu stoppen.

Phase 3: Touchieren Sie einmal mit Stick und String weit hinter dem Pferd den Boden. Sollte dies noch nicht ausreichen, nähert sich das Tapsen rhythmisch von hinten an das Pferd heran, jedoch nicht mehr als drei Mal.

1 *Rhythmus mit dem Stick hinter dem Pferd auf dem Boden.*

2 *Der Stick touchiert das Pferd auf der Kruppe.*

Phase 4: Touchieren Sie das Pferd auf der Kruppe. Zunächst wieder mit viel Gefühl und steigern Sie die Energie so weit wie notwendig.

Am Anfang wird das Pferd wahrscheinlich bereits nach wenigen Tritten wieder in den Schritt zurückfallen. Lassen Sie sich nicht entmutigen, sondern beginnen Sie einfach erneut mit Ihrer netten Frage, und bleiben Sie dran, bis das Pferd wieder antrabt. Es ist sehr wichtig, dass Sie auch hier schon nach dem ersten Trabschritt neutral werden und nicht versuchen, das Pferd aktiv im Trab zu halten. Das Weitertraben kann nur die Verantwortung Ihres Pferdes werden, wenn Sie es ihm auch zutrauen.

Nach dem Galopp fragen Sie genauso. Als zusätzliches Lautsignal bietet sich hier z. B. der Doppelschnalzer an.

Häufige Probleme und Lösungen

Sie erreichen Ihr Ziel auch nach vielen Versuchen nicht
Beim Antraben fällt es dem Menschen häufig noch schwerer als im Schritt, neutral zu sein. Das Pferd hat dann schnell wieder das Gefühl, es braucht nur zu laufen, wenn Sie Energie hinzufügen. Bleiben Sie geduldig. Lassen Sie es hier auf jeden Fall zu, dass es immer wieder in den Schritt fällt. Die Botschaft, die Sie ihm vermitteln wollen, ist, dass es keine Ruhe bekommt, wenn es von sich aus immer wieder durchpariert, kleine Versuche jedoch mit langen Pausen belohnt werden, falls es ohne Ihr Zutun selbstständig weiterläuft.

Das Pferd hält an, statt schneller zu werden
Drehen Sie sich bei Phase 1 so weit mit dem Pferd mit, dass Sie mit Ihrem Arm nicht direkt vor das Pferd zeigen. Das wird es evtl. abbremsen.

Das Zirkelspielprinzip

In diesem Film sehen Sie, wie das Zirkelspielprinzip funktioniert. Unter www.m.kosmos.de/14073/v8 erhalten Sie die gleichen Infos.

Das Pferd trabt unkontrolliert schnell und lange

Wie es aussieht, ist Ihr Pferd in den Fluchtmodus geraten. Halten Sie es erst einmal an und entspannen Sie sich beide. Überprüfen Sie, ob Sie Ihre Energie langsam genug gesteigert haben. Fragen Sie danach nicht wieder nach Schritt, solange es Ihnen noch nicht zuzuhören kann. Erst nach einer Weile fragen Sie erneut nach der höheren Gangart.

Die Gangart wieder herunterschalten

Auch um Ihr Pferd aus der höheren Gangart herunterzuschalten, ist Ihr wichtigstes Hilfsmittel Ihre Energie.

Phase 1: Stellen Sie sich die Gangart vor, die Ihr Pferd laufen soll, z. B. Schritt. Atmen Sie deutlich aus und lassen Sie die Schultern und den Blick fallen.

Phase 2: Drehen Sie sich langsam und mit Intention in die Bewegungsrichtung des Pferdes hinein, um allein mit Ihrer Körperenergie der Laufenergie des Pferdes entgegenzuwirken.

Phase 3: Beginnen Sie mit leichtem Rhythmus am Seil (in einer Auf- und Abwärtsbewegung) und machen Sie ebenfalls Rhythmus mit dem Stick, der vor dem Pferd ankommen soll. Dazu nehmen Sie den Arm mit dem Stick unter dem Seilarm hindurch auf die andere Seite.

Das Pferd geht auf dem Zirkel (Trab), der Mensch in der Mitte dreht sich in die Bewegungsrichtung des Pferdes hinein.

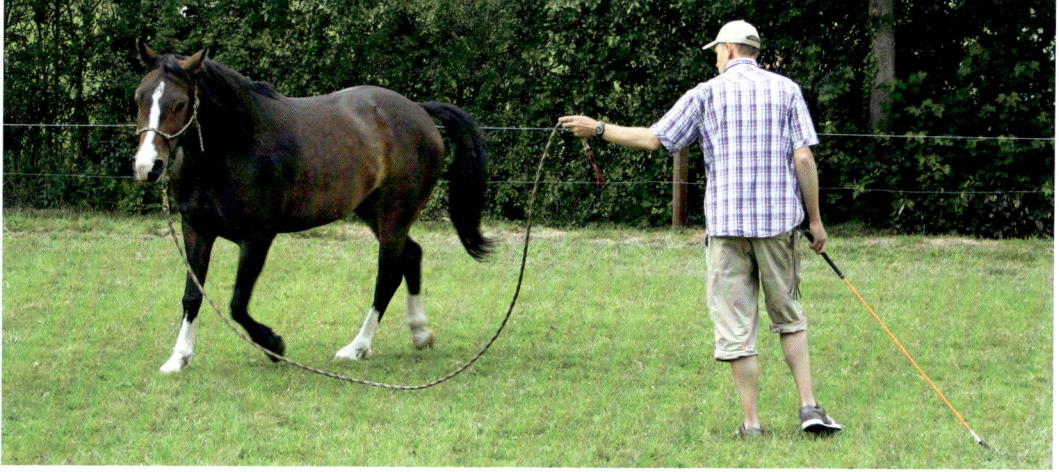

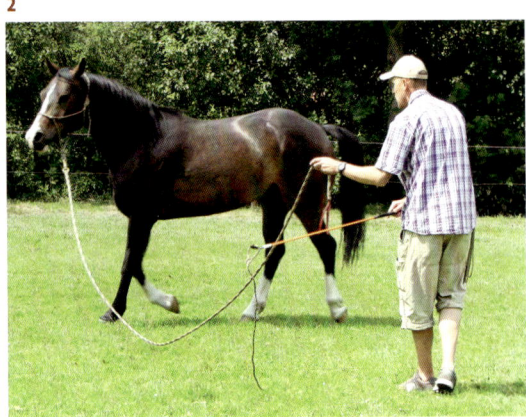

1 Das Pferd läuft auf dem Zirkel, der Mensch wackelt vertikal am Seil.

2 Der Stick macht Energie vor dem Pferd, indem er unter dem Seilarm hindurch auf die andere Seite geführt wird.

Phase 4: Touchieren Sie das Pferd mit dem Seilchen an der Brust, zunächst leicht und steigern Sie wie gewohnt die Energie, bis das Pferd die Gangart nach unten wechselt.

Sobald das Pferd in der gewünschten Gangart geht, werden Sie sofort wieder neutral und bestätigen damit dem Pferd die richtige Idee.

Häufige Probleme und Lösungen

Das Pferd reagiert nicht auf Ihre Signale und läuft einfach weiter

Versuchen Sie wirklich deutlich die Energie aus Ihrem Körper zu lassen und denken Sie „Schritt". Achten Sie unbedingt auf Ihre Körperposition: Werden Sie mit Ihren Phasen effektiv, wenn es sein muss. Sollte das Pferd überhaupt keine Idee haben, was Sie von ihm möchten, können Sie die Bande zu Hilfe nehmen. Laufen Sie gemeinsam mit dem Pferd in Richtung Bande, während Sie weiterhin Ihre Hilfen für das Herunterschalten geben. Sobald es durch die Bande gestoppt wird, bedanken Sie sich und geben ihm eine Pause.

Das Pferd hält sofort an und schaut Sie an, anstatt weich durchzuparieren

Hier haben Sie wohl die Energie zu schnell heruntergefahren, sodass das Pferd gedacht hat, es soll anhalten. Lernen Sie, den Pegel für Ihre Energie zu steuern wie den Regler Ihrer Stereoanlage: Sie können dann entscheiden, ob Sie eine, zwei oder drei Gangarten hoch- oder runterschalten möchten.

Führen aus der Sattellage

Sinn und Ziel

Bei dieser Führvariante gehen Sie auf Höhe der Sattellage mit dem Pferd mit und dirigieren es von dort aus. Daraus ergeben sich Möglichkeiten, die Sie beim normalen Führen nicht haben:

Mehr Abstand: Beim Führen verbessert sich die Kommunikation und beide Seiten lernen mehr (Eigen-)Verantwortung.

Mehr Variation: Es eröffnen sich Ihnen mehr Spiel- und Variationsmöglichkeiten durch Nähe und Distanz.

„Wer bewegt wen?": Durch den eher schickenden Charakter lässt sich das Pferd aus verschiedenen Positionen auch in der Bewegung beeinflussen.

Zielgerichtetes Bewegen: Dies ist eine Vorbereitung bzw. Ergänzung für Übungen, bei denen es darauf ankommt, die Bewegungsrichtung von Pferd und Mensch punktgenau beeinflussen zu können (z. B. beim Verladen). Besonders wenn Sie in höheren Gangarten etwas mit Ihrem Pferd gemeinsam machen möchten, hilft es dabei, mehr Kontrolle über die Bewegungsrichtung zu behalten, da Ihnen der Abstand und die Position mehr Reaktionszeit und einen besseren Überblick verschaffen.

Auch für andere Übungen spielt diese Führvariante eine Rolle, etwa für die Acht, den Slalom, Engpassspiele allgemein etc.

Neutral „für unterwegs": Sie werden lernen, wie Sie Ihr Neutralsein mit in die Bewegung nehmen können.

Gemeinsam unterwegs

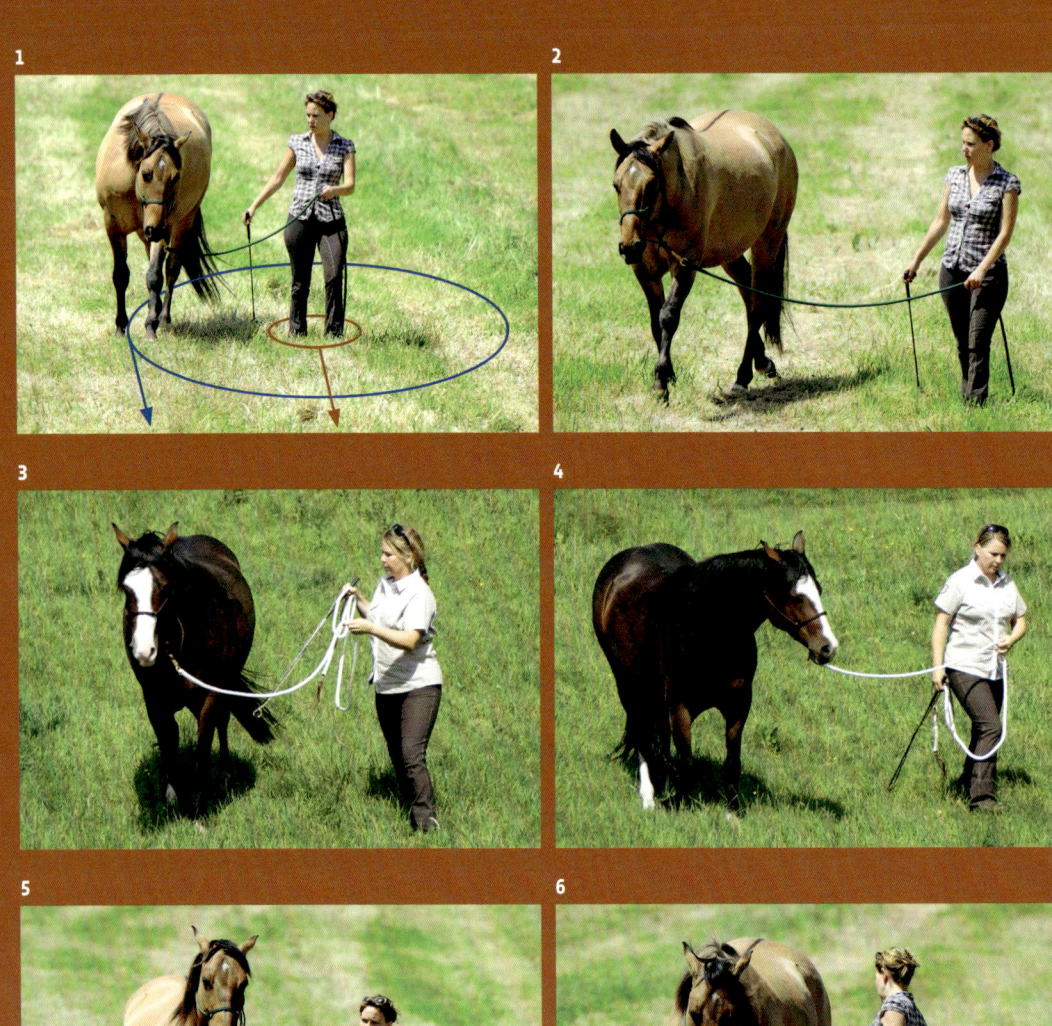

1 Der Mensch verlässt seinen fixen Standort, das Pferd verlässt den Zirkel und beide laufen parallel weiter.

2 Bleiben Sie möglichst neutral.

3–4 So können Sie während der Bewegung die Richtung bestimmen oder den Abstand zwischen Ihnen und dem Pferd bestimmen.

5–6 Zwei Varianten, um anzuhalten: Parallel zusammen stehen bleiben oder die Hinterhand wegfragen.

Voraussetzungen

Zirkelspiel, Neutralsein, gutes Spiegeln. Guter Fokus für Ziel und Richtung. Anhalten durch Wegfragen der Hinterhand, „Rückwärts" neben dem Pferd.

Durchführung

Schritt 1: Führen Sie Ihr Pferd mit wenig Abstand (ca. 1,50 m) auf den Zirkel. Lassen Sie es einige Schritte gehen, wobei Sie sich hier mitdrehen dürfen. Das Führseil behalten Sie nämlich nun in der Hand, mit der Sie das Pferd auch losgeschickt haben.

Schritt 2: Beginnen Sie jetzt, mit dem Pferd mitzugehen, entweder auf einem größeren Kreis oder in gerader Linie auf ein Ziel zu. Der Abstand zwischen Ihnen und dem Pferd sollte dabei möglichst gleich bleiben. Stellen Sie sich wieder vor, Sie seien etwa auf Schulterhöhe mit dem Pferd durch eine Stange verbunden.

Denken Sie daran, neutral zu bleiben. Ihre Blickrichtung ist in etwa die des Pferdes, Seil und Stick bleiben jedoch immer noch in der jeweiligen Hand und hängen so entspannt wie möglich hinunter.

Schritt 3: Sie können die Richtung beeinflussen, indem Sie das Pferd mit dem Seil zu sich hin- oder mit Führarm und Stick von sich wegbewegen (vgl. „Die Vorhand beeinflussen von der Seite", S. 122). Auf die gleiche Weise können Sie den Abstand zwischen sich und dem Pferd vergrößern oder verkleinern. Wichtig ist aber, dass Sie Ihre gesamte Körpersprache einsetzen. Nutzen Sie Raum, Energie und Fokus; orientieren Sie sich auf die Vorhand zu und drehen Sie sich zum Pferd hin, um es wegzudirigieren; machen Sie ihm vorn Platz, bleiben Sie vom Pferd weggedreht und fragen Sie die Hinterhand evtl. leicht von sich weg, um es herzuholen.

Schritt 4: Zum Anhalten haben Sie zwei Möglichkeiten. Bleiben Sie stehen, schalten sich aus und lassen ggf. die Hinterhand weichen, wenn das Pferd zu sehr von Ihnen weg oder nach vorn driftet. So bringen Sie Ruhe ins Anhalten. Alternativ dazu können Sie das Rückwärts neben dem Pferd nutzen, um es neben Ihnen anzuhalten, wenn es nur leichte Vorwärtstendenz hat.

Häufige Probleme und Lösungen

Fast alle Probleme hängen hier mit Fokus und Energie Ihrerseits zusammen oder mit der Verantwortung für die Gangart seitens des Pferdes. Leiten Sie die Übung am besten mit der Wiederholung der einzelnen Komponenten ein. Trotzdem möchten wir einige typische Stolperfallen dieses Spiels kurz ansprechen.

Das Pferd läuft nicht auf Zirkel weiter

Etablieren Sie zuerst ein gutes Zirkelspiel. Denken Sie beim Zirkeln noch nicht daran, den Kreis zu verlassen. Ihre Energie und Ihr Fokus reichen sonst evtl. schon aus, um das Pferd zu verwirren.

Das Pferd zieht nach außen weg oder wird schneller

Bleiben Sie auch beim Laufen neutral mit Ihrer Energie? Haben Sie ein bisschen Geduld und helfen Sie dem Pferd mit angemessenem Rhythmus am Seil, langsamer zu werden. Passen Sie auf, nicht hinter die Schulter zu kommen, sodass es sich nach vorn getrieben fühlt.

Falls das alles nicht hilft, suchen Sie sich zunächst keinen konkreten Zielort aus, sondern gehen nur selbst einen kleinen Kreis mit, um nicht zu viel Druck zu machen.

Das Pferd kommt rein oder bleibt stehen

Ist Ihre Energie zu lasch? Überprüfen Sie Ihren Fokus: Denken Sie zu einem konkreten Ziel hin? Vielleicht sind Sie beim Losgehen zu schnell gewesen und vor das Pferd gekommen und haben es so ausgebremst.

Herausforderung

Sie können das Spiel mit mehreren Zielpunkten hintereinander spielen und es auch mit dem „Zielspiel" verbinden – oder Sie tasten sich langsam an höhere Gangarten heran. Zwei spannende Herausforderungen sind allerdings besonders zu empfehlen:

Der Wechsel zwischen Gehen und Stehen

Interessant wird diese Übung, wenn Sie zuerst auf der Stelle zirkeln, daraus direkt in gerader Linie zu einem anderen Standpunkt mitlaufen, um dort fließend wieder zum Zirkeln auf der Stelle überzugehen. Markieren Sie sich die zwei Mittelpunkte vorher.

Das Führen aus der Sattellage ist u. a. eine gute Grundlage für gymnastizierende Übungen vom Boden aus.

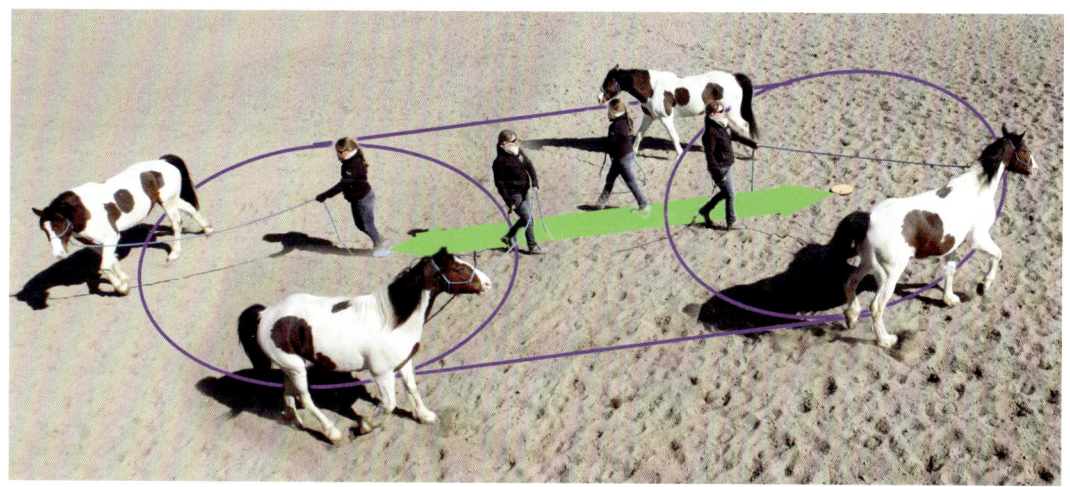

Hier müssen nämlich Pferd und Mensch fit werden im Unterscheiden von Einschalten – Neutral – Ausschalten. Anders gesagt: Beide lernen, dass das Pferd auf Ihren Fokus und Ihre innere Energie reagiert und sich nicht danach richten sollte, ob Sie mitlaufen oder nicht!

Nähe und Distanz – Wegschicken und Herholen

Stellen Sie zwei Pylone im Abstand von ca. 2 – 3 m auf den Boden. Gehen Sie in der oben beschriebenen Führposition mit Ihrem Pferd darauf zu. Schicken Sie nun Ihr Pferd um die äußere Pylone herum, während Sie selbst auf der inneren Seite vorbeigehen. Hinter den beiden Hindernissen holen Sie das Pferd wieder näher zu sich. Behalten Sie aber im Hinterkopf, dass Sie mehr das Pferd bewegen als sich selbst!

Das Zielspiel

Sinn und Ziel

Bei diesem Spiel soll das Pferd einen bestimmten Punkt (Ziel) mit der Nase finden und berühren.

Motivation: Es motiviert das Pferd, Lösungen selbst herauszufinden.

Fokus: Es fordert und fördert Genauigkeit bei Pferd und Mensch. Und das auch in puncto Energie – zu wenig und das Pferd wird nicht suchen, zu viel und es wird zu unsicher um zu finden.

Sicherheit: Pferde, die gelernt haben, sich mit Dingen zu beschäftigen, statt zu flüchten, können durch diese Übung in Stresssituationen schneller entspannen.

Verbindung: Pferd und Mensch müssen sehr genau aufeinander achten.

Pferde verstehen: Die Strategie des Pferdes verrät dem Menschen viel über dessen aktuellen Gemützustand.

Voraussetzungen

Führen aus der Sattellage; Privatzone; Rückwärtsrichten von der Seite; die Vorhand beeinflussen von der Seite; gutes Timing beim Ein- und Ausschalten.

Durchführung

Schritt 1: Suchen Sie sich einen Punkt in der Reitbahn, z. B. den Bahnpunkt „C". Schicken Sie Ihr Pferd los wie beim Führen aus der Sattellage und laufen Sie auf Schulterhöhe mit in Richtung Zielpunkt.

Schritt 2: Halten Sie Ihr Pferd ca. 2 – 3 m davor an und stellen sich selbst etwa 2 m davon entfernt an die Bande.

Schritt 3: Versuchen Sie, das genaue Bild im Kopf zu haben, wie Ihr Pferd den Buchstaben „C" findet und fragen Sie es dann so fein wie möglich in Richtung des Ziels.

Schicken Sie das Pferd wie gewohnt los, nur diesmal mit einem konkreten Ziel im Kopf.

Schritt 4: Ab hier entspricht das Zielspiel dem Kinderspiel „heiß oder kalt?". „Kalt" wird es, wenn das Pferd vom Ziel wegdriftet oder daran vorbei sucht. Dann fragen Sie es wieder in die gewünschte Richtung. „Heiß" bedeutet, das Pferd (genauer gesagt die Nase) bewegt sich in Richtung Ziel. Dabei bleiben Sie neutral und es hat seine Ruhe. Sie korrigieren Ihr Pferd also nur, wenn es nicht in die gewünschte Richtung denkt bzw. sucht.

Ziehen und schieben Sie das Pferd nicht, sondern dirigieren Sie es mit Abstand – es soll das Ziel und die Aufgabe selbst herausfinden.

Zwischen „heiß" und „kalt" müssen Sie sehr schnell wechseln können und zudem noch in der Lage sein, bei den Zwischentönen „wärmer" oder „kälter" zu sagen.

1 Wärmer oder kälter? Wird es kälter, werden Sie aktiv, ...

2 ...wird es wärmer, werden Sie neutral.

Schritt 5: Sobald das Pferd das Ziel mit der Nase berührt, freuen Sie sich, schalten sich augenblicklich aus und belohnen das Pferd mit Rückzug (aus der Aufgabe herausgehen).

Freuen Sie sich, wenn Ihr Pferd das Ziel gefunden hat.

Schritt 6: Danach können Sie Pause machen oder sich den nächsten Punkt aussuchen. Je nachdem, wie schwer es war. Wenn Sie beide besser geworden sind, brauchen Sie auch nicht mehr unbedingt die Einteilung in Schritt 2 und 3 zu machen. Sie haben das nächste Ziel dann schon im Visier, wenn Sie losgehen und müssen nicht vor der präzisen Suche noch einmal anhalten, um sich zu positionieren.

Wenn Sie leicht anfangen (großes Ziel etwa auf Augenhöhe), werden Sie merken, wie Ihr Pferd bald Spaß an dem Spiel findet und sehr genau auf Ihre Frage achten wird. Später können und sollten Sie sich dann immer präzisere Ziele suchen.

Häufige Probleme und Lösungen

Ihr Pferd versucht Sie wegzudrängen

Achten Sie auf mehr Abstand zum Pferd, ohne es dabei zu verunsichern.
Fragen Sie es mit weniger Energie, die möglichst vorn am Hals ankommt, in Richtung Ziel.

Das Pferd berührt mit der Nase alles, außer den von Ihnen gewählten Punkt

Nehmen Sie sich etwas zurück. Vermutlich ist Ihr Pferd zu unsicher
und introvertiert (durch zu viel Druck), um die Aufgabe wirklich lösen
zu können. Sollte es zu lange dauern, gehen Sie raus aus der Aufgabe
und versuchen es noch einmal. Häufig riecht das Pferd im Weggehen,
wenn der Druck nachlässt, genau an dem Punkt, den es vorher vehe-
ment gemieden hat.

Das Pferd kann den Punkt nicht finden

Überprüfen Sie Ihren Fokus (inneres Bild): Denken Sie wirklich an den
Punkt? Vielleicht ist das Ziel zu klein, zu groß, zu hoch oder zu tief.
Fangen Sie noch leichter an und steigern dann langsam den Schwierigkeitsgrad. Belohnen Sie schon jede kleine Idee in die richtige Richtung,
indem Sie neutral werden. Später sollten Sie jedoch sehr genau werden
und tatsächlich so lange an der Aufgabe dranbleiben, bis das Pferd den
Punkt wirklich beschnüffelt. Werden Sie schneller mit dem Wechsel
zwischen Neutral und Ausschalten.

Weitere Übungen

 In diesem
Film sehen Sie
weitere span-
nende Übungen.
Unter www.m.kosmos.de/
14073/v9 erhalten Sie die
gleichen Infos.

Das Pferd stellt sich parallel zur Bande und schaut Sie an

Positionieren Sie das Pferd besser noch einmal neu. Die Vorwärtsenergie sollte beim erneuten Losschicken nicht von hinten kommen, da das die Hinterhand von Ihnen wegschickt, sondern eher an der Schulter oder am Hals ankommen.

Allgemein können wir Ihnen (auch für viele andere Gelegenheiten) den Rat geben: Finden Sie heraus was, wo oder wovon das Pferd zu viel oder zu wenig macht und gleichen es dann entsprechend aus.

Herausforderungen: So geht es weiter

Wählen Sie einen Punkt auf dem Boden oder einen, der so hoch ist, dass das Pferd den Kopf nach oben strecken muss; verkleinern Sie Ihre Ziele; vergrößern Sie Ihren eigenen Abstand zum Zielpunkt; spielen Sie das Zielspiel mit einem freien Pferd; lassen Sie das Pferd etwas mit den Beinen finden oder später sogar mit dem Hintern (rückwärts oder seitwärts).

Spielen Sie das Spiel überall, wo Sie gerade mit Ihrem Pferd sind (im Stall, auf dem Hof, auf dem Platz, im Gelände etc.). Nutzen Sie es vor allem auch, wenn Ihr Pferd Angst vor konkreten Dingen hat.

Die Acht

Sinn und Ziel

Hier besteht die Herausforderung darin, das Pferd um zwei Hindernisse (Pylonen o. Ä.) in der Form einer Acht herumzuschicken, ohne dabei mitzulaufen. Sie selbst bewegen sich nur entlang eines v-förmigen Bereichs auf einer Seite der Pylone vor und zurück.

Der Wechsel von Herholen und Wegschicken fördert bei Pferd und Mensch die Aufmerksamkeit, die Koordination und die Verbindung auch auf Distanz. Die Acht dient als Vorbereitung für einen fließenden Richtungswechsel beim Zirkeln. Es handelt sich quasi um zwei bzw. mehrere fließende Richtungswechsel hintereinander. Das Beibehalten der Gangart wird gefestigt, da es auch während des Richtungswechsels gilt.

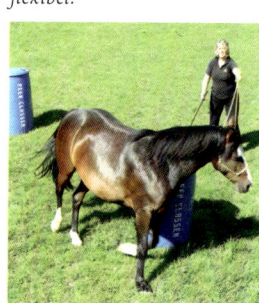

Die Acht hält Körper und Geist flexibel.

Voraussetzungen

Zirkelspiel (Gangart beibehalten und gutes Vorhand nach draußen senden); das Pferd heranholen am Seil (vgl. „Führübung", S. 66).

Vorbereitung

Stellen Sie zwei Hindernisse (Pylone, Tonnen o. Ä.) im Abstand von ca. 4 m auf. Vom Mittelpunkt der Verbindungslinie aus ziehen Sie nun zwei Hilfslinien in V-Form zu einer Seite hin. Dieses Dreieck ist der Bereich, in dem Sie sich später vor- und zurückbewegen.

Nun stellen Sie sich zuerst in der Mitte des Hilfsdreiecks auf und positionieren dann Ihr Pferd so zwischen die zwei Hindernisse, dass es Sie anschaut.

Durchführung

Als Beispiel beginnen wir wieder auf der linken Hand.

Schritt 1: Schicken Sie Ihr Pferd wie beim Zirkelspiel links herum los, sodass es außen am linken Hindernis vorbeigeht.

Schritt 2: Während das Pferd außen am Hinderniss vorbeiläuft, wechseln Seil und Stick die Hand. Damit sie sich nicht verheddern, führen Sie den Stick dabei unter dem Seil durch.

Schritt 3: Gehen Sie jetzt rückwärts vom Hindernis weg, um Ihr Pferd in Ihre Richtung einzuladen; orientieren Sie sich dabei an Ihrem Hilfsdreieck. Wenn nötig, nutzen Sie das Seil als Unterstützung (vgl. Führübung, S. 66). Schicken Sie dabei aber nicht die Hinterhand weg!

Schritt 4: (Erst) wenn das Pferd sich gerade auf Sie zu bewegt, senden Sie die Vorhand in die andere Richtung.

Schritt 5: Daraufhin bewegen Sie sich wieder vorwärts auf Ihren Ausgangspunkt zu. Dabei sollte das Pferd mit der Vorhand von Ihnen weg weichen (zwischen den Hindernissen hindurch). Helfen Sie, wenn nötig mit der Führhand und dem Stick nach, so ähnlich wie Sie es beim „Vorhand beeinflussen von der Seite" (siehe S. 122) gelernt haben.

Schritt 6: Lassen Sie das Pferd außen am zweiten Hindernis vorbeilaufen.

Ab hier wiederholen Sie Schritt 2 bis 6 in die andere Richtung.

STARTPOSITION

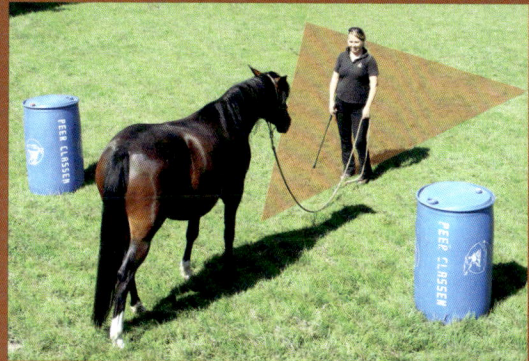

SCHRITT 1

SCHRITT 2

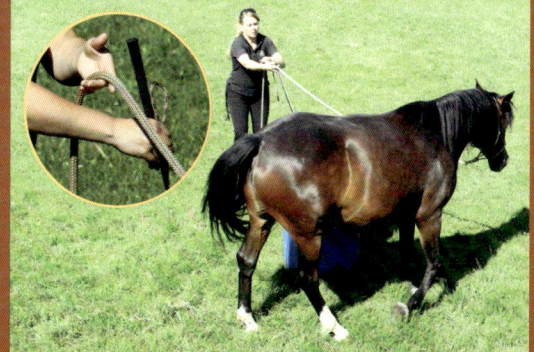

SCHRITT 3

SCHRITT 4

SCHRITT 5

STARTPOSITION *mit Hilfsdreieck*

SCHRITT 1 *Lossenden nach links.*

SCHRITT 2 *Stick und Seil wechseln die Hand.*

SCHRITT 3 *Sie „ziehen" das Pferd zu sich hin.*

SCHRITT 4 *Vor dem Richtungswechsel muss das Pferd gerade zu Ihnen schauen!*

SCHRITT 5 *Sie gehen nach vorn und das Pferd weicht.*

Häufige Probleme und Lösungen

Allgemein

Vergessen Sie bei komplexeren, zusammengesetzten Übungen nicht, zwischendrin immer wieder neutral zu werden. Beispiel: Wenn das Pferd weicht, sobald Sie wieder nach vorn gehen, bleiben Sie locker und setzen Sie den Stick nicht ein! Wenn es trotzdem schwer bleibt, teilen Sie solche Übungen immer in Einzelteile auf und machen viele Pausen, wenn es dann mit einem Teilabschnitt gut klappt.

Das Pferd läuft auf dem Zirkel weiter/wechselt nicht die Richtung

Vermutlich laufen Sie zu langsam bzw. in die falsche Richtung rückwärts oder warten zu lange damit, das Pferd zu sich zu holen. Richten Sie sich möglichst nach Ihrem Hilfsdreieck. Verbessern Sie das Herholen auf feines Gefühl am Seil noch mal ohne Hindernisse. Auch wenn das Pferd besser versteht, senden Sie es nicht gleich wieder los, sondern belohnen Sie das Herkommen mit Pause bei sich. Möglicherweise ist auch Ihr Seil zu lang, um dem Pferd ein Gefühl zu übermitteln.

Das Pferd geht nicht außen an den Hindernissen vorbei bzw. der Mensch muss sich dafür zu viel bewegen

Verbessern Sie das Losschicken beim Zirkeln bzw. generell Ihren Einfluss auf die Vorhand. Sorgen Sie zuerst dafür, dass Ihr Pferd wirklich außen vorbei geht, danach probieren Sie es mit mehr Abstand. Gehen Sie nicht zu langsam vorwärts auf die Schulter des Pferdes zu und achten Sie dabei auf genügend (innere) Energie und Fokus.

Das Pferd rennt los

Machen Sie langsamer. Teilen Sie den Ablauf in kleinere Schritte ein, so können Sie mehr Pausen und Ruhe in die Übung hineinbringen und öfter belohnen.

Pferden fällt diese Übung erfahrungsgemäß häufig etwas schwer. Üben Sie deshalb lieber die Einzelteile, bis diese leichter werden, anstatt zu lange an der Gesamtübung herumzufeilen.

Das Pferd behält die Gangart beim Heranholen nicht bei

Schicken Sie hier AUF KEINEN FALL die Hinterhand weg, um das Pferd zu sich zu fragen! Das führt dazu, dass Sie die Energie aus der Bewegung herausnehmen. Konzentrieren Sie sich darauf, den Kopf des Pferdes zu sich „ziehen" zu können.

Herausforderungen: So geht es weiter

Machen Sie die Acht im Trab und im Galopp oder bauen Sie sie als fliegende Richtungswechsel beim Zirkelspiel ein (inkl. fliegende Galopp-wechsel). Zusammen mit den Übungen zum „Freien Spielen mit dem Pferd" (siehe S. 170) können Sie es auch mal ohne Seil probieren. Versuchen Sie, sich immer weniger dabei zu bewegen.

Slalom

Sinn und Ziel

Slalom

Ziel: Sie laufen auf gerader Linie parallel zu einer Reihe Hindernisse (Tonnen, Pylone o. Ä.) und schicken dabei Ihr Pferd im Slalom um diese herum.

Nähe und Distanz/Verbindung: Sie festigen durch das Vergrößern und Verkleinern des Abstands zwischen Pferd und Mensch die gegenseitige Verbindung auch auf Entfernung.

Kommunikation: Sie lernen das Prinzip Raum besser zu nutzen (wo mache ich „auf", wo mache ich „zu"?).

Beziehung: Sie entwickeln wieder einmal mehr Bewusstsein für das Konzept „Wer bewegt wen?".

SCHRITT 1 *Am Hindernis
außen vorbei.*

SCHRITT 1

SCHRITT 2 *Am Hindernis
innen vorbei (Tür aufmachen).*

SCHRITT 2

SCHRITT 3 *Am nächsten
Hindernis wieder außen vorbei
(Tür zumachen).*

SCHRITT 3

Voraussetzungen

Beibehalten der Gangart; Führen aus der Sattellage, die Vorhand beeinflussen von der Seite; und die Acht (fließender Richtungswechsel)
ist hilfreich.

Vorbereitung

Stellen Sie eine ungerade Anzahl von Hindernissen in einer Reihe
auf. Im Schritt ist ein Abstand von ca. 4,50 m sinnvoll. Dann markieren Sie sich eine gut sichtbare Linie parallel dazu auf dem Boden;
zu Beginn etwa 1,50 m, später immer etwas weiter von den Hindernissen entfernt.

Durchführung

Schritt 1: Wir beginnen unser Beispiel am rechten Startpunkt der
Hindernisreihe. Schicken Sie Ihr Pferd linksherum los, außen um das
erste Hindernis herum. Sie gehen mit, bleiben dabei aber auf Ihrer
Seite der vorher markierten Linie, möglichst auf Höhe von Pferdehals
oder -schulter.

Schritt 2: Wenn die Nase des Pferdes am ersten Hinderniss vorbei ist,
beginnen Sie „die Tür aufzumachen", d. h. mit dem Führarm und
Ihrer Schulter den Raum auf Ihrer Seite aufzumachen. Dieser Platz lädt
das Pferd ein, auf Ihre Seite zu kommen, um innen am zweiten Hindernis vorbeizulaufen. Möglicherweise bewegen Sie sich ein wenig von den
Pylonen weg und/oder verdeutlichen die Einladung durch ein Gefühl
am Seil.

Schritt 3: Sobald die Nase innen am zweiten Hindernis vorbei ist,
machen Sie „die Tür zu": Drehen Sie Schulter, Führarm und Hüfte so,
dass der Raum auf Ihrer Seite jetzt wieder eng wird und das Pferd
zurück auf die andere Seite der Hindernisreihe weicht. Es soll ja jetzt
wieder außen am dritten Hindernis vorbeigehen. Sie dürfen sich auch
ein bisschen auf das Pferd zu bewegen, doch versuchen Sie, die Linie
nicht zu übertreten. Wenn nötig helfen Sie mit dem Stick nach.

Schritt 2 und Schritt 3 haben wir schon beim „Führen aus der Sattellage" (siehe S. 139) beschrieben (die Richtung beeinflussen).

Gerade für die „Acht" und den „Slalom" finden sich überall auf dem Hof oder im Gelände viele Möglichkeiten zum Üben: Blumenkästen, Baumstümpfe, freistehende Pfosten, usw.

Schritt 4: Hat es das Pferd außen um das dritte Hindernis geschafft, fahren Sie damit fort, die Tür abwechselnd auf und zu zu machen, um Ihr Pferd einmal vor und einmal hinter den Hindernissen vorbeilaufen zu lassen. Orientieren Sie sich dabei weiterhin an der Hilfslinie!

Schritt 5: Am letzten Hindernis wird das Pferd außen vorbeigehen. Wenn bis jetzt alles funktioniert hat, können Sie hier einen bei der „Acht" beschriebenen Richtungswechsel machen. Und dann den Slalomparcours wieder zurück zum Ausgangspunkt fortführen.

Häufige Probleme und mögliche Lösungen

Das Pferd rennt los
Möglicherweise haben Sie zu viel Druck gemacht oder das Pferd ist unsicher. Überprüfen Sie die Einzelteile. Bremsen Sie das Pferd über Rhythmus am Seil etwas ab. Laufen Sie auch in der richtigen Position mit? Je weiter hinten Sie sich befinden, umso mehr denkt das Pferd vorwärts. Vergrößern Sie den Abstand der Hindernisse, so haben Sie mehr Ruhe zum Korrigieren.

Das Pferd bleibt stehen
Wenn Sie vor der Schulterlinie sind, bremsen Sie Ihr Pferd ab! Der Winkel beim „Zumachen" ist evtl. zu steil oder landet zu sehr vor dem Pferd (Ihr Arm bremst das Pferd eher aus als es zu leiten). Das Beibehalten der Gangarten ist noch nicht genug etabliert.

Das Pferd kommt nicht in Ihre Richtung
Achten Sie darauf wirklich aufzumachen, sonst kommt bei sensiblen Pferden zu viel Druck an. Im Zweifelsfall verbessern Sie das Herholen mit Gefühl am Seil (siehe „Die Führübung", S. 66) oder unterstützen Sie es ausnahmsweise, indem Sie die Hinterhand ein wenig wegfragen.

Das Pferd geht nicht nach außen
Machen Sie die Vorhand sensibler für Ihre Energie. Wenn es überhaupt nicht funktioniert, gehen Sie zurück zu den Übungen „Die Vorhand beeinflussen" – von vorn und von der Seite (siehe S. 116 und S. 122), dann probieren Sie es wieder in der Bewegung.

Häufig hat man das Gefühl, das Seil kürzer oder den Führarm nach
hinten nehmen zu müssen, wenn das Pferd nicht mit der Vorhand
weicht. Es soll schließlich nicht auf das Seil treten. Das hat aber leider
den gegenteiligen Effekt, da man dadurch dem Pferd die Tür wieder
aufmacht.

Herausforderung: So geht es weiter

Vergrößern Sie den Abstand zu der Hindernisreihe; verringern Sie den
Abstand zwischen den Hindernissen; Variationen: Lassen Sie das Pferd
auch mal an zwei Hindernissen hintereinander vorn oder hinten dran
vorbeigehen, wechseln Sie schon vor dem Ende die Richtung oder
bauen Sie eine „Acht" mit ein.

Engpassspiele

Da Pferde von Natur aus sehr klaustrophobisch sind, mögen Sie es
nicht, wenn es eng wird. Engpässe bedeuten für das Beutetier Pferd, von
Raubtieren in die Zange genommen zu werden, bei Gefahr nicht fliehen
oder dominanten Herdenmitgliedern nicht ausweichen zu können. Es
hat also schmerzhafte bis tödliche Konsequenzen in die Falle zu geraten.
In unserer Menschenwelt lauern an jeder Ecke Engpasssituationen auf

*Vertrauen und Verantwortung
sind das Ergebnis gemeinsam ge-
meisterter Herausforderungen.*

Als Fluchttier ist das Pferd von Natur aus klaustrophobisch.

die Pferde, überall da, wo sie irgendwo drüber, drunter, zwischen hindurch oder auf etwas Gefährliches zugehen müssen: Pfützen, fremder und unsicherer Untergrund, Hänger, Sprünge, Tore, enge und niedrige Durchgänge, bis hin zu großen lauten Ungeheuern, die auf sie zugerast kommen und sie in die Enge treiben (Traktoren etc.).

Sinn und Ziel

Verantwortung: Es ist deswegen unsere Verantwortung, sie – und auch uns – gut darauf vorzubereiten. Denn ihre heftigen Reaktionen bringen auch uns schnell in Gefahr. Engpassspiele sind nicht bloß eine Übung, sondern wir sind es den Pferden schuldig, uns darum zu kümmern.

Zu oft erwarten wir von Pferden, dass sie von sich aus unsere Ideen und Aufgaben verstehen und ausführen sollen. Das allein ist schon nicht gerechtfertigt. Doch zu erwarten, dass sie Situationen, die sie in Todesangst versetzen, als ungefährlich erachten, und dass sie ihre lebensrettenden, natürlichen Reaktionen unterlassen, nur weil wir das so wollen, ist in hohem Maße überheblich und verantwortungslos.

Auch wenn wir nicht dieselben Situationen als Gefahr wahrnehmen: Pferde „stellen sich nicht an", für sie sind es reale Bedrohungen. Die Gründe für Angst mögen bei Mensch und Pferd sehr unterschiedlich sein – die Angst selbst fühlt sich aber sicher genauso an. Stellen Sie sich einfach vor, was Ihnen am meisten Angst macht, dann werden Sie künftig den Problemen der Pferde mit mehr Empathie begegnen.

Engpassspiele

 In diesem Film sehen Sie, wie Sie Pferde an Engpässe gewöhnen. Unter www.m.kosmos.de/14073/v10 erhalten Sie die gleichen Infos.

Sicherheit: Pferde werden durch das Engpasstraining mutiger; sie lernen, sich positiv (nicht nur) mit Engpasssituationen auseinanderzusetzen, statt sie zu meiden.

Beziehung: Wir Menschen lernen die Grenzen der Pferde besser kennen und können diese besser beurteilen oder einschätzen. Wir sind dadurch in der Lage, sie souveräner zu unterstützen und sie durch solche Herausforderungen zu begleiten. Das macht uns zu einem verlässlicheren Partner.

Mitdenken statt Augen zu und durch: Letztendliches Ziel der Engpassübung ist ein entspanntes und mitdenkendes Pferd, das im übertragenen Sinne mit dem Kopf zuerst durch den Engpass geht, und dann erst mit dem Körper. Etwaige spektakuläre Ergebnisse sind zwar nicht unerwünscht, aber wie so oft ein reines Nebenprodukt davon.

Wir können Pferden helfen, sich auch in solchen Situationen sicherer zu fühlen.

Voraussetzungen

„Du bist nicht gemeint"; Führen aus der Sattellage; Zielspiel; gutes Timing und Ausschalten; Beobachten: Wann wird das Pferd unsicher, wann sicherer? Zirkelspielprinzip.

Grundprinzip

Grundsätzlich besteht unsere Aufgabe auch bei der Engpassübung darin, dem Pferd zu vermitteln: „Du bist nicht gemeint." Deshalb wenden wir hier auch die gleichen Konzepte an. Allen voran die Zauberformel Annäherung und Rückzug. Eigentlich müsste es heißen: Annäherung, Warten auf Verbesserung und dann Rückzug. Zweck dieses Wechselspiels ist es, wie schon zuvor beim Desensibilisieren, dass das Pferd sich mit der vermeintlichen Gefahr auseinandersetzen kann. Statt zu reagieren, beginnt es mitzudenken, weil es immer wieder

Das Grundprinzip:

1 Annäherung,

2 Interesse

3 und Rückzug.

1

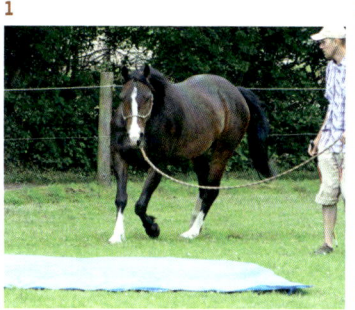

2

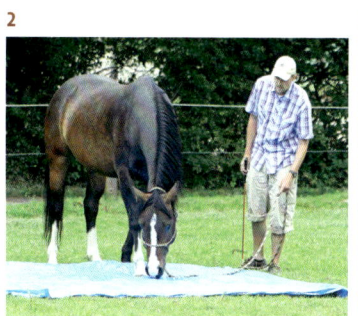

3

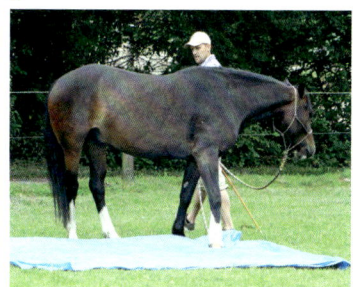

damit konfrontiert wird, aber trotzdem jedes Mal einen für sich positiven Ausweg finden kann. Statt Fluchttierverhalten zu verhindern oder zu unterbinden, bieten Sie dem Pferd also eine Alternativlösung an.

Vorbereitung

Positionieren Sie sich möglichst so, dass Sie Ihr Pferd durch den Engpass schicken können. Das ist sinnvoll, weil das Pferd sich ja selbst mit seinem Problem auseinandersetzen soll. Manchen Pferden fällt das aber schwerer als anderen, daher ist es nicht verboten, auch schon mal vorzugehen. Behalten Sie nur im Hinterkopf, dass das bei einigen Gelegenheiten problematisch sein kann, z. B. beim Anhänger – das Pferd muss schließlich doch alleine fahren – oder beim Reiten, wo es seine Nase vorn hat und jeder Gefahr als Erster begegnen muss.

Durchführung

Schritt 1: Annäherung

Senden Sie Ihr Pferd los und finden Sie den Abstand zum Engpass heraus, bei dem es unsicher wird. Beachten Sie das „Gangart beibehalten"! Senden Sie es also nur los und treiben es dann nicht weiter. Bleiben Sie in Ihrem Neutral. Das gilt grundsätzlich auch für Schritt 2 und Schritt 3, soweit es möglich ist. Nur so kann es Ihnen seine echte Angstschwelle zeigen. Pferde beschäftigen sich von sich aus auch mit Dingen, die sie unsicher machen – aber nur, wenn sie ihre Grenze bzw. den Abstand und den Rückzug selbst bestimmen können.

Schritt 2: Warten oder helfen

An dieser ersten Grenze lassen Sie es stehen, treiben es nicht weiter vorwärts, sondern warten auf eine positive Veränderung. Haben Sie gut bemerkt, wo die erste Unsicherheit beginnt, wird es sich in der Regel schon alleine durch den ausbleibenden Druck entspannen können. Versuchen Sie es jedoch durch oder über den Engpass zu drängen, wird es nur noch unsicherer werden.

Bleibt das Pferd dagegen trotz Wartens angespannt, versuchen Sie ihm durch einfache Aufgaben zu helfen, seinen Kopf wieder einzuschalten. Zum Beispiel indem Sie es ein- bis zwei Schritte zurück- und wieder vorgehen oder es den Kopf senken lassen.

Pferde sind von Natur aus neugierig – selbst wenn ihnen etwas nicht geheuer ist.

Schritt 3: Rückzug

Wenn Ihr Pferd sich entspannt, Interesse am Engpass zeigt oder sich einen Schritt weiter traut als beim Versuch davor, treten Sie den Rückzug an. Bieten Sie ruhig auch schon für kleine positive Veränderungen einen Rückzug und warten Sie nicht erst auf ein völlig entspanntes Pferd.

Ist der Engpass ein großes Problem, machen Sie einen großen Rückzug, ist er ein kleines Problem, machen Sie einen kleinen Rückzug. In jedem Fall lautet die Botschaft: „Erstens ist es nicht so schlimm, wie du dachtest, und zweitens musst du deine Einstellung dazu ändern und dich damit auseinandersetzen, um es loszuwerden."

Man kann eigentlich nie zu viel Rückzug machen. Rückzug wird zu einer Einstellung, die das Pferd in uns wahrnimmt, und die die Schärfe aus ohnehin schon spannungsgeladenen Situationen nimmt.

Schritt 4: Erneute Annäherung wie in Schritt 1

Schritt 5: Eine kleine Extraanstrengung

Falls das Pferd nach einigen Versuchen zwar entspannt ist, aber die Grenze gleich bleibt, können Sie es freundlich nach einer kleinen Extraanstrengung fragen. Denken Sie dabei nicht: „Geh da rein / drüber", sondern: „Versuch doch mal den nächsten Schritt" oder: „Schau es dir doch mal genauer an."

Versuch doch mal den nächsten Schritt!

Allein durch diese Schritte schaffen Sie viel Vertrauen und Sicherheit,
da Ihr Pferd mit nur wenig Druck die Gefahrensituation besser kennen-
lernt. Die meisten Pferde verschieben so ihre Wohlfühlgrenze von ganz
alleine, sobald sie erkannt haben, dass sie nicht durchgetrieben werden,
der Rückzug im Zweifelsfall offen bleibt und man sich durch etwas
Mühe noch extragute Pausen verdienen kann. So nutzen Sie die natürliche Neugier der Pferde, um gefährliche Situationen in spannende
Herausforderungen zu verwandeln.

Die Regeln am Engpass

Auf ein paar wichtige Regeln müssen Sie bei Engpässen achten:

- Es geht nicht links oder rechts am Engpass vorbei. Setzen Sie dafür
  Ihr Seil und Ihre Privatzone sinnvoll ein.
- Der Rückzug ist immer offen. Das gilt auf jeden Fall, solange sich das
  Pferd noch nicht einigermaßen sicher fühlt und mit der folgenden
  Einschränkung:
- Wenn das Pferd selbst Rückzug macht, ist das o. k., doch dann bitten
  Sie es danach direkt wieder zum Hindernis. Es wird die Aufgabe
  damit also nicht los. Wenn es aber wartet, bis Sie beide zusammen
  Rückzug machen, dann gibt es auch tatsächlich eine richtige Pause.

Zwei Beispiele

Unsere zwei Beispiele sind zum Üben gedacht, als Vorbereitung auf
gefährliche Engpasssituationen in der „echten Welt" da draußen. Am
besten denken Sie immer, wenn Ihr Pferd irgendwo nicht hin-, durch-,
rein- oder rausgehen möchte, an die Engpassübung und helfen ihm
an Ort und Stelle. Selbst wenn Sie dadurch 10 Minuten zu spät zur Reit-
stunde kommen.

Beispiel 1: Engpass Anhänger

Stellen Sie sich neben die Rampe, sodass möglichst keine Lücke zwischen Ihnen und der Seitenwand entsteht.

Schicken Sie Ihr Pferd in Richtung Rampe los (Schritt 1: Annäherung). Bleibt es stehen (egal ob vor dem Hänger, auf der Rampe oder auf
halbem Weg in den Hänger), warten Sie, bis es sich entspannt oder im
besten Fall die Rampe, den Hänger, die Trennwand etc. beschnuppert
(Schritt 2: Warten auf positive Veränderung). Dann gehen Sie zusammen

1

2

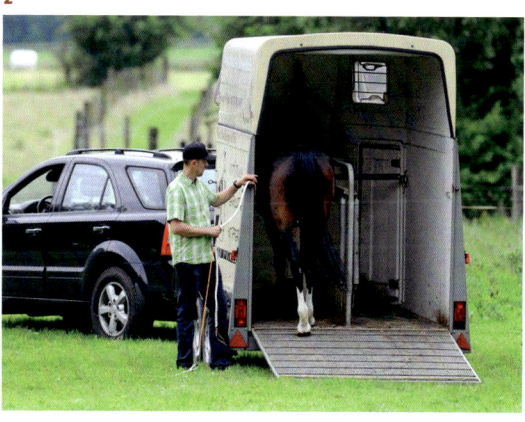

1 – 2 *Die Grundposition beim Verladen.*

wieder vom Hänger weg und drehen eine kleine Runde (Schritt 3: Rückzug). Wieder zurück an Ihrem Spot neben der Rampe schicken Sie das Pferd erneut los (Schritt 4: Erneute Annäherung). Für jedes Beschnuppern, für jeden Minischritt weiter nach vorn, aber auch für jedes entspannte Annähern gibt es einen Rückzug. Je mehr Mühe sich das Pferd mit dem Hänger an sich und mit dem Reingehen gibt, umso größer ist der Rückzug!

Auf eine simple Merkformel gebracht:

Für gemeinsamen Erfolg beim Verladen muss das Pferd lernen: Der Weg aus dem Hänger raus, führt in den Hänger rein. Der Mensch muss lernen: Der Weg in den Hänger rein, führt aus dem Hänger raus!

Futter im Hänger?

Nehmen Sie anfangs kein Futter zu Hilfe, um das Pferd dazu zu bringen, weiter in den Hänger zu gehen, da das Pferd sonst erfahrungsgemäß weiter über seine Grenze geht, als es sich eigentlich traut und sich schlechter entspannen wird. Richten Sie lieber eine Pausenstation mit Heu oder Gras außerhalb des Hängers ein, zu der Sie sich gemeinsam zurückziehen können.

Beispiel 2: Engpass Sprung

Bei Sprüngen bevorzugen wir zwei Varianten. Sie können sich ganz klassisch einen Sprung mit zwei Ständern und einer Stange vornehmen oder Sie benutzen zwei Tonnen, die Sie der Länge nach nebeneinander legen.

Stellen Sie sich neben den Sprung, wenn möglich so, dass kein Durchgang zwischen Ihnen und dem Sprung offen bleibt. Wenn Sie die

1

2

Ein Beispiel für einen Sprung-Engpass: Als Vorbereitung geht es durch die Tonnen durch, danach darüber.

Stangenvariante wählen, machen Sie das Hindernis zuerst so niedrig, dass das Pferd bequem drüber laufen kann (nicht muss!). Haben Sie zwei Tonnen, dann lassen Sie einen ca. 50 cm breiten Durchgang, durch den das Pferd durchlaufen kann (nicht muss!).

Lassen Sie es dann im Schritt in Richtung Hindernis losgehen. Dabei haben Sie noch nicht die Idee, dass es drüber- oder durchgehen soll, sondern Sie schicken es nur mal so zum Anschauen hin.

Hat es damit kein Problem, können Sie den Fokus beim nächsten Losschicken auch auf dem Durch- bzw. Drübergehen haben, aber immer mit der Option: Anschauen ist auch in Ordnung.

Bei jeder erneuten Annäherung können zwei Dinge passieren:
1. Das Pferd läuft nicht über oder durch das Hindernis:
   Warten Sie auf Entspannung oder darauf, dass es sich mit Stange oder Tonnen beschäftigt und machen einen Rückzug, wenn es entspannt ist. Danach versuchen Sie es erneut.
2. Das Pferd läuft über oder durch das Hindernis:
   Atmen Sie nach dem Engpass aus und dirigieren Sie die Hinterhand weg, damit es sich zu Ihnen umwendet. Spätestens im Trab oder Galopp facht ein Sprung die Energie an. Über die Hinterhand können Sie frühzeitig ein Fluchtmuster verhindern.

In jedem Fall müssen Sie immer neutral bleiben, wenn es sich mit dem Sprung beschäftigt oder sich dorthin bewegt!

Wenn es mit dem Hindernis an sich kein Problem (mehr) hat, machen Sie es höher bzw. enger und/oder versuchen Sie es auch im Trab. ABER:

Das Hinterhandweichen nach dem Sprung sorgt wieder für Entspannung.

Das Pferd darf dann immer noch seine Grenze selbst bestimmen. Kurz vor dem Sprung nach dem Losschicken darf es keinen Druck mehr geben, sodass das Stoppen vor dem Sprung immer eine Option bleibt. Das Pferd soll sich selbst dazu entschließen zu springen.

Weitere Beispiele, die alle nach dem gleichen Grundprinzip funktionieren sind: das Führen oder Schicken durch ein Tor, Plastikplanen überqueren, unter einer Plane hindurch, Pfützen, die Pferdewaage, Podest, Wippe, Brücken – also alles, bei dem das Pferd über, unter oder durch etwas hindurch muss.

Herausforderungen: So geht es weiter

Schicken Sie Ihr Pferd aus größerem Abstand oder sogar ohne Seil durch Hindernisse. Suchen Sie sich engere, niedrigere, beweglichere Herausforderungen. Lassen Sie Ihr Pferd im Engpass anhalten, schicken Sie es rückwärts durch oder seitwärts über Hindernisse. Es gibt unzählige Möglichkeiten! Einmal auf den Geschmack gekommen, entwickeln Pferd und Mensch bald viel Fantasie.

Eine große Herausforderung

Der Pferdeparkplatz

Das Konzept „Wer bewegt wen?" haben Sie ja schon zur Genüge kennengelernt. Wie gut es etabliert ist, können Sie herausfinden, wenn Sie
sich auf einen fixen Punkt stellen (Eimerdeckel nicht vergessen) und
versuchen, Ihr Pferd von dort aus an einen bestimmten Zielort in einer
bestimmten Position hinzustellen.

Praktisch: Immer und überall ein Pferd ohne viel Aufwand dahin
stellen zu können, wo es gerade am sinnvollsten bzw. am sichersten
ist, erleichtert einem das Leben sehr. Auch wenn man z. B. einmal zwei
oder mehrere Pferde führt.

Voraussetzungen
Alle bisherigen Grundübungen in diesem Buch und ein bisschen
Fantasie!

Durchführung
Die einfachste Variante zum Positionieren ist der „Pferdeparkplatz".
Markieren Sie sich dazu auf dem Boden ein Rechteck, in dem ein Pferd
bequem Platz hat. Legen Sie sich Ihren Eimerdeckel für den Anfang

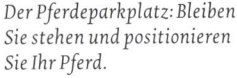

*Der Pferdeparkplatz: Bleiben
Sie stehen und positionieren
Sie Ihr Pferd.*

Die Ausgangsposition kann z. B. so aussehen.

etwa 2,5 m von einer der kurzen Seiten entfernt auf den Boden. Dann stellen Sie Ihr Pferd außerhalb des Rechtecks ab, begeben sich selbst auf Ihren Standort und dirigieren es von dort aus auf den vorher markierten „Parkplatz".

Jetzt haben Sie verschiedene Möglichkeiten – je nachdem, wie Sie, Ihr Pferd und der Parkplatz gerade zueinander positioniert sind:

- Sie könnten das Pferd z. B. mit dem Zirkelspiel im Kreis schicken, bis es sich mit der Vorhand im Rechteck befindet, und dann die Hinterhand wegfragen, damit diese auch noch auf dem Parkplatz landet.
- Vielleicht waren Sie beim Anhalten auf dem Zirkel auch zu langsam und die Hinterhand steht auf dem Parkplatz, die Vorhand aber daneben. Jetzt könnten Sie versuchen, die Vorhand noch mit in das Viereck zu dirigieren.
- Eine dritte Variante wäre, das Pferd mit direktem Gefühl am Halfter und über ein Hinterhandweichen zuerst so vor sich zu stellen, dass sein Hinterteil direkt zum Parkplatz zeigt und es dann rückwärts in das Rechteck schicken.
- Es gäbe aber genauso die Möglichkeit, es abwechselnd mit der Hinterhand und der Vorhand weichen zu lassen, sodass es quasi seitwärts einparkt.

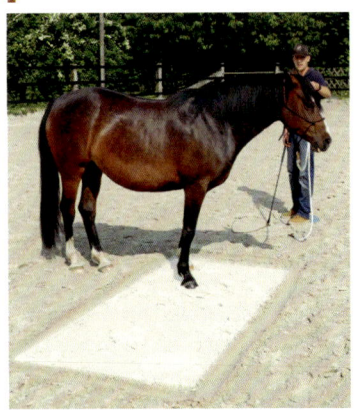

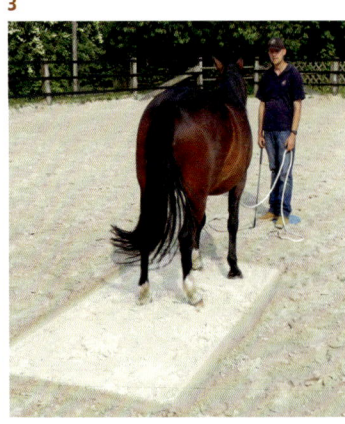

1–3 Peer dirigiert Amy auf den Parkplatz.

Keine der Variationen ist dabei unbedingt besser als die andere. Sie dürfen gerne ausprobieren, wie es für Sie und das Pferd am besten funktioniert und danach überlegen, welche Herausforderungen sinnvoll wären oder Spaß machen könnten.

Positionieren Sie sich z. B. auch mal so, dass Ihr Pferd Sie am Ende nicht direkt anschaut, sondern in einem anderen Winkel zu Ihnen steht. Lassen Sie sich schwierigere Ausgangspositionen einfallen, oder bauen Sie Extra-Hindernisse ein. Lassen Sie Ihrer Fantasie freien Lauf.

Weitere Beispiele

Dieses Spiel können Sie auf alle möglichen Positionsvarianten so oder so ähnlich anwenden:

Stellen Sie Ihr Pferd auf eine Plane, vor die Hängerrampe, seitlich an die Bande oder an eine Aufsteighilfe, parken Sie es zwischen zwei Tonnen ein oder spielen Sie das „Zielspiel" von Ihrem festen Standort aus: Stellen Sie es so hin, dass es eine Tonne z. B. mit der Hinterhand oder der Vorhand berührt, legen Sie einen zweiten Eimerdeckel auf den Boden, auf den es einen Huf stellen soll. Seien Sie kreativ!

Achtung!

Wenn Sie Hindernisse oder Hilfsmittel wie Tonnen, Planen, Eimerdeckel etc. verwenden, denken Sie daran, dass Pferde damit ein Problem haben können, besonders wenn Sie (schräg) hinter ihnen sind oder sie sich gar rückwärts drauf zu bewegen sollen. Gehen Sie in solchen Fällen zurück zur Engpassübung oder zum „Du bist nicht gemeint" (siehe S. 40) und legen Sie Ihr eigenes Ziel in der Zwischenzeit auf Eis.

Wo besteht Handlungsbedarf?

Sie werden durch diese Übung immer besser darin, präzise mit Ihrem Pferd zu kommunizieren und es auch noch aus ungewöhnlichen Positionen zu beeinflussen, ohne sich selbst dafür bewegen zu müssen.

Der größte Wert der Übung liegt aber woanders. Sie finden so nämlich ganz schnell heraus, welche Grundbausteine mehr Beachtung brauchen: Das Rückwärts? Die Vorhand? Die Hinterhand? Engpässe? Oder Ihr Handling des Seils und des Sticks? Ihre Körpersprache, Fokus oder Energie?

Wenn Sie an eine Grenze kommen, ärgern Sie sich nicht – freuen Sie sich, dass Sie jetzt genauer wissen, woran Sie noch etwas tun müssen und dass Sie wieder einmal Ihrem Pferd helfen können. Gehen Sie zurück zu den Grundlagen. Diese „Back to Basics"-Regel gilt natürlich ebenso für jede komplexere Übung.

Pferdeparkplatz und Parcours

In diesem Film sehen Sie, wie Sie Ihr Pferd einparken können. Unter www.m.kosmos.de/14073/v11 erhalten Sie die gleichen Infos.

Der Parcours

Sinn und Ziel

Das ist prinzipiell eine ähnliche Übung wie der „Pferdeparkplatz" (siehe S. 164), nur dass Sie und das Pferd sich nun bewegen sollen.
Dynamik: Sie schaffen den Sprung von Statik zu Dynamik, indem Sie einzelne, aus dem Kontext losgelöste Übungen zu einem flüssigen Ablauf verbinden.

Nutzen Sie Ihre Kreativität. Gehen Sie mit und dirigieren Sie Ihr Pferd.

Voraussicht und Fokus: Sie werden sich angewöhnen, den Weg zur nächsten oder gar übernächsten Station schon mit einzuplanen und ein genaues Bild davon im Kopf zu haben. Dieses Bild davon, was als Nächstes passieren soll, ist eine weitere Facette des Begriffs „Fokus".

Zielgerichtetes Handeln: Sie machen die einzelnen Übungen nicht mehr nur zum Selbstzweck, sondern zielgerichtet. Also Sie gehen von A nach B, um dort etwas zu tun. Das motiviert sowohl Pferd als auch Mensch, sich konstruktiv, kreativ und phantasievoll mit der Umwelt auseinanderzusetzen.

Vorbereitung: Meist ist es so, dass viele Übungen gut funktionieren, wenn man sie mit viel Vorbereitung, Zeit und Ruhe durchführt. Sobald es aber dynamischer zugeht und Sie schneller reagieren und für die nächste Herausforderung bereit sein müssen, sieht es schon anders aus. In der „echten Welt", wo Autos fahren, wo man Rücksicht auf andere nehmen muss, wo man mit einem aufgeregten Pferd durch unwegsames Gelände sicher zum Stall zurückkommen muss, gibt es leider selten die Möglichkeit lange zu zögern. In einem selbstgebauten Parcours lernen Mensch und Pferd mit Spaß, ihre gemeinsamen Grenzen zu verschieben, um auf knifflige Situationen vorbereitet zu sein.

1 – 2 Vorwärts, rückwärts oder seitwärts geht es drüber, drunter und durch verschiedene Hindernisse.

Voraussetzungen

Alle bisherigen Grundübungen in diesem Buch (besonders aber das Führen aus der Sattellage), Fantasie und Bewegung!

1

2

Durchführung

Bereiten Sie sich mehrere Herausforderungen vor: z. B. kleine Sprünge, parallele Stangen, um das Pferd aus unterschiedlichen Abständen hindurch oder darüber zu zirkeln, Hütchen oder Tonnen für Achten und Slalom oder um das Pferd rückwärts hindurch zu schicken, Hindernisse, an denen das Pferd an der einen und Sie an der anderen Seite vorbei müssen; vielleicht können Sie sich einen Anhänger mit dazustellen. Sie können sich auch für ein und die selbe Station verschiedene Aufgaben ausdenken.

Sie können gerne abwechselnd das Pferd schicken oder Ihnen folgen lassen und es auch mal stehen lassen wie beim Pferdeparkplatz (siehe S. 164), doch versuchen Sie eher auf einen gewissen Abstand Wert zu legen.

Bitte muten Sie sich trotzdem nicht zu viel auf einmal zu. Steigern Sie Anzahl der Stationen, Gangart, Schwierigkeitsgrad etc. nicht so schnell, um zu großen Stress und Frust zu vermeiden.

Übungen für freies Spielen mit dem Pferd

Sind Sie bereit für die Wahrheit?

Mit einem freien Pferd zusammen zu sein und mit ihm zu spielen, also zu kommunizieren, ist natürlich richtig cool und macht riesigen Spaß. Doch das ist nicht der einzige Grund, warum man das als Mensch lernen sollte. Der wichtigste Grund ist, dass man die Wahrheit über die Beziehung zu seinem Pferd und zu Pferden allgemein erfährt: Traut es mir? Glaubt es mir? Mache ich zu viel Druck? Kann ich Fragen zu Ende stellen, ohne zu viel zu fordern? Wie gut ist die Balance von Annäherung und Rückzug?

Natürlich ist die Freiarbeit gerade in den Anfängen auch ein Stück weit Übung und Konditionierung, doch allein dadurch ist es kaum möglich, eine echte Verbindung herzustellen, anstatt nur mechanische Reaktionen hervorzurufen.

In unserem letzten großen Abschnitt erfahren Sie einiges darüber, wie Sie den Grundstein legen können zu einer Verbindung, die mindestens genauso fest, aber viel wertvoller ist als ein Führseil.

Bleib bei mir

Die „Bleib bei mir"-Übung besteht eigentlich aus zwei Teilen:
- „Bleib bei mir"
- „Komm mit"

Sinn und Ziel
Ziel: Das Pferd bleibt frei bei Ihnen und kommt auf Fingerzeig mit Ihnen mit. Es läuft dabei nicht zufällig hinterher, sondern Sie können entscheiden, auf welcher Seite, in welcher Gangart und in welche Richtung es mitläuft.
Verbindung und Aufmerksamkeit: Durch diese Übung entwickelt sich langfristig eine gute Verbindung. Das bildet die Grundlage für jegliches freies Spielen mit Pferden.

Voraussetzungen
Hinterhand beeinflussen; Vorhand beeinflussen; Zirkelspielprinzip; Spiegelübung; Rückwärts aus der Schulterposition (Fortgeschritten).

„Bleib bei mir und komm mit mir mit."

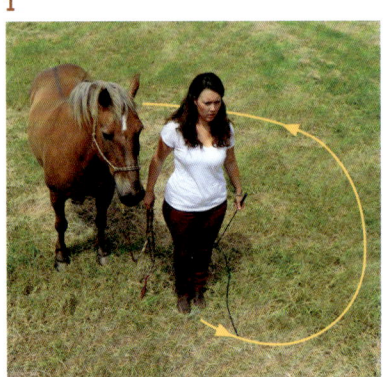

1 Die Ausgangsposition. Der gelbe Pfeil deutet Ihren Weg auf die Hinterhand zu an.

2 Schritt 1

Vorbereitung

Stellen Sie sich mit gleicher Blickrichtung neben Ihr Pferd, etwa zwischen Schulter und Kopf. Das Seil halten Sie in der Hand, die auf der Seite des Pferdes ist und den Stick in der anderen.

Durchführung

Prinzipiell geht es darum, in einem Bogen vom Kopf des Pferdes weg auf die Hinterhand zuzugehen und diese so weichen zu lassen, dass das Pferd mit der Vorhand zu Ihnen kommt und am Ende auf Ihrer anderen Seite steht.

Ausgangsposition: Das Pferd steht rechts neben dem Menschen. Der Bogen auf die Hinterhand zu ist gelb markiert.

Schritt 1: Drehen Sie sich ein wenig vom Pferd weg und laufen Sie langsam los. Orientieren Sie sich zunächst noch ein oder zwei Schritte leicht nach vorn. Dabei geben Sie sich vor Ihrem Körper den Stick in die andere (hier: rechte) Hand. Seil und Stick sind jetzt in einer Hand.

Schritt 2: Während Sie sich nun langsam weiter vom Pferd weg in Richtung der Hinterhand drehen, wechselt hinter Ihrem Rücken das Seil die Hand.

Schritt 3: Bewegen Sie sich weiter im Bogen auf die Hinterhand zu und nutzen Sie die auf S. 62 beschriebenen Phasen, um die Hinterhand von sich weg weichen zu lassen.

1 *Der Stick wechselt vorn, ...*

2 *... das Seil hinten die Hand.*

Schritt 4: Sobald die Hinterhand beginnt sich wegzubewegen, laufen Sie – nicht schneller oder langsamer als das Pferd weicht – weiter im Bogen mit.

Schritt 5: Tun Sie das so lange, bis Sie merken, dass sich die Vorhand auf Sie zu bewegt und der Pferdekopf auf Ihrer anderen Seite ankommt. Sie müssen dem Pferd genug Platz lassen, damit die Vorhand auch bequem die Seite wechseln kann, aber nicht so viel, dass Ihr Pferd Ihnen einfach in einem großen Bogen hinterherläuft.

Schritt 5: Die Nase des Pferdes ist jetzt auf der linken Seite des Menschen.

1 *Das Weichen der Hinterhand …*

2 *… beeinflusst die Vorhand.*

3 *Das Pferd hat die Seite gewechselt.*

Die Pause bekommt das Pferd nicht für das Weichen der Hinterhand, sondern dafür, dass es seinen Kopf auf Ihre andere Seite nimmt: Stand es beim Loslaufen rechts von Ihnen, soll der Kopf jetzt auf Ihrer linken Seite auftauchen.

Wenn das der Fall ist, halten Sie an und machen Sie in dieser Position eine Pause.

Daraufhin wiederholen Sie das Spiel in die andere Richtung.

Die Hinterhand ist hier nur Mittel zum Zweck! Tatsächlich möchten Sie damit Einfluss auf die Vorhand nehmen. Das kennen Sie schon von der etwas weniger präzisen Übung zum Thema „Aufmerksamkeit über die Hinterhand" (siehe S. 93). Denken Sie also beim Losgehen nicht an die Hinterhand, sondern daran, dass Vorhand und Kopf die Seite wechseln. Nur, wenn Sie das nicht tun, fragen Sie die Hinterhand weg.

1–2 Bald wird das Pferd schon die Seite wechseln, sobald Sie sich wegdrehen.

Häufige Probleme und Lösungen

Die Hinterhand weicht, aber die Nase kommt nicht herum

Lassen Sie der Vorhand mehr Platz. Vergessen Sie nicht, Ihren ersten Schritt eher nach vorn zu gehen, bevor Sie umschwenken. Geben Sie sich entweder mit etwas weniger zufrieden oder fragen Sie über die Hinterhand nach einer kleinen Extraanstrengung. Je nachdem, wie sicher oder unsicher das Pferd ist.

> Zu Beginn hat der Mensch die Verantwortung, für die Verbindung zu sorgen. Nach und nach übernimmt aber auch das Pferd immer mehr Verantwortung.

Das Pferd läuft Ihnen im Kreis hinterher

Vermutlich haben Sie zu viel Platz gelassen und zu wenig Einfluss auf die Hinterhand. Viele Pferde gehen zudem erst einmal eher vorwärts, wenn Energie an der Hinterhand ankommt. Wiederholen Sie separat die Hinterhandübung.

Möglicherweise reicht es auch, mit angemessenem Rhythmus am Führseil das Vorwärts zu bremsen – aber Achtung: Ziehen Sie die Nase nicht herum.

Pferd läuft nach vorn weg

Das passiert, wenn Sie den Bogen zu groß machen, ohne, dass die Hinterhand weicht. Ihre Energie (vom Stick) kommt hinter dem Pferd an und treibt es nach vorn. Verfeinern Sie zunächst den Einfluss auf die Hinterhand.

Drehen Sie sich außerdem beim Losgehen nicht direkt um die eigene Achse, sondern orientieren Sie sich deutlicher nach vorn.

Komm mit

Hier bringen Sie dem Pferd bei anzutreten und mitzukommen, wenn Sie es durch Zeigen mit dem Arm danach fragen und auch weiter mit Ihnen an Ihrer Seite mitzulaufen.

Durchführung

Die Grundposition ist die gleiche wie beim „Bleib bei mir" (siehe S. 171). Die Phasen sind prinzipiell die des Zirkelspiels, nur eben aus einer ganz anderen Position und in eine andere Richtung. Sie stehen ja jetzt neben dem Pferd und zeigen mit dem Führarm, der auf der Pferdeseite ist, vorwärts. Arm und Schulterachse sollten dabei in gebogener Linie etwas vom Pferd weg zeigen, ggf. dürfen Sie mit einem leichten Gefühl am Halfter die Frage unterstützen.

Die restlichen Phasen kommen vom Stick in der anderen Hand: den Stick nach hinten anheben, Rhythmus mit dem Stick, Tapsen mit dem Stick an der Hinterhand.

Sobald das Pferd nach vorn losgeht, gehen Sie mit. NICHT VORHER! Richten Sie sich auch in der Bewegung nach der Geschwindigkeit des Pferdes und vergessen Sie nicht, dabei wieder „neutral" zu werden (vgl. „Spiegelübung", S. 85).

Bleibt Ihr Pferd ungefragt stehen, tun Sie das auch, fragen es aber gleich wieder los (siehe „Zirkelspielprinzip", S. 127).

Zum Anhalten greifen Sie auf die „Bleib bei mir"-Übung zurück: Gehen Sie (aus der Bewegung) den Bogen auf die Hinterhand zu, bis die Nase die Seite wechselt. Dann erst machen Sie eine Pause. So gewöhnen Sie sich und dem Pferd an, am Ende immer noch mal die Verbindung zu festigen.

Um in eine höhere Gangart zu wechseln, wiederholen Sie die gleichen Phasen wie zum Losgehen.

Häufige Probleme und mögliche Lösungen

Das Pferd geht rückwärts/weicht mit der Vorhand (statt loszugehen)
Es nimmt die Aufforderung des Arms als zu großen Druck bzw. Grenze wahr. Zeigen Sie noch etwas mehr vom Pferd weg, stellen Sie sich dabei weiter nach hinten (Schulterhöhe). Überprüfen Sie, ob Sie Ihr Pferd „anstarren" (= zu viel Druck!). Schauen Sie geradeaus oder geringfügig vom Pferd weg.

Das Pferd kommt mit, driftet aber dann weg von Ihnen
Geringfügig: Gehen Sie mit, oft entspannen sich Pferde schnell und finden ihr Interesse am Menschen wieder.
Deutlich: Gehen Sie direkt zum „Bleib bei mir" (siehe S. 171) über, um die Verbindung wieder herzustellen. Dann starten Sie erneut das Mitkommen. Wiederholen Sie das, bis das Pferd auch nur ein bis zwei Schritte mitkommt. Dann gibt es eine Pause.

1

2

3

4

5

1–4 *Die Phasen für das Mitkommen: Zeigen, heben, schwingen, touchieren.*

5 *Nicht vergessen: wieder neutral werden beim gemeinsamen Laufen.*

Achtung: Ziehen Sie nicht am Seil. Es dient nur als Sicherheitsleine. Nach einiger Zeit können Sie das „Bleib bei mir" auch benutzen, um das Pferd gerade so weit wieder zu sich zu orientieren, dass Sie ohne Pause direkt mit ihm zusammen weitergehen können.

Das Pferd rennt nach vorn los

Erhöhen Sie den Druck nur vorsichtig und mit Ruhe. Ein gutes Neutralsein wirkt oft Wunder. Festigen Sie das „Bleib bei mir".

Das Pferd bleibt immer stehen/kommt nicht mit

Siehe „Zirkelspielprinzip", S. 127.

Herausforderungen: So geht es weiter

Der Übergang vom Seil zur Freiheit kann groß sein. Bauen Sie ihn schrittweise auf: Nehmen Sie das Seil doppelt und fädeln Sie es so durch Ihren Gürtel, dass es sich bei Zug leicht löst. So lang, dass Sie das Pferd nicht ziehen und so kurz, dass das Pferd nicht drauftritt. Als nächsten Schritt befestigen Sie das Halfter um den Pferdehals. Später können Sie das Seil dem Pferd über den Rücken legen, um noch einen Nothalt zu haben. Am Ende lassen Sie es ganz weg.

Freies Zirkelspiel

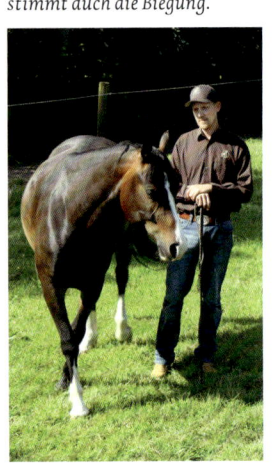

„Denkt" das Pferd ohne physische Hilfsmittel an einen Zirkel, stimmt auch die Biegung.

Sinn und Ziel

Ihr Pferd zirkelt frei um sie herum, ohne Seil und äußere Begrenzung.
Verbindung auf höchstem Niveau: Dem Pferd auch ohne direkte Verbindung Verantwortung übertragen zu können, hebt Ihr Neutral und die Verbindung noch mal auf ein ganz anderes Level.
Neue Verantwortung: Das Pferd lernt hier beim Zirkeln die Verantwortung, die Richtung (Kreis) selbstständig beizubehalten. Psychologisch und physikalisch würde das Pferd einfach aus dem Zirkel herausdriften. Die Verantwortung, die Richtung beizubehalten, verhindert das.

Voraussetzungen

Zirkelspiel, „Bleib bei mir" und „Komm mit"; gute Verbindung, gutes Beibehalten der Gangarten.

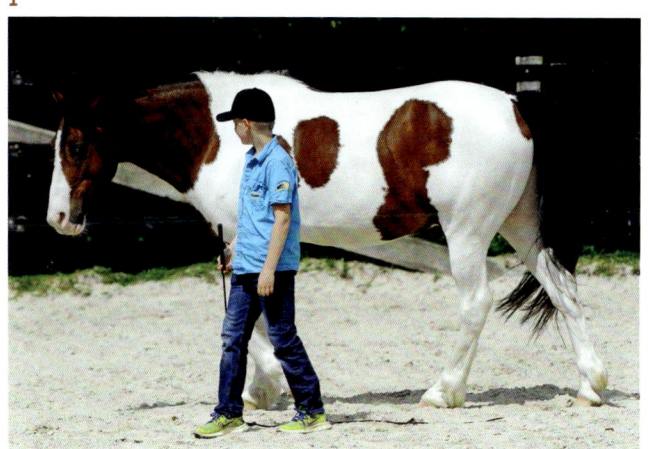

Durchführung

Schritt 1: Gehen Sie auf einem Kreisbogen mit Ihrem Pferd los wie in der „Komm mit"-Übung (siehe S. 175). Das Pferd ist dabei außen.

Schritt 2: Verkleinern Sie den Kreis immer weiter, bis Sie sich nur noch auf der Stelle drehen. Überholen Sie das Pferd dabei nicht.

Schritt 3: Wenn das für etwa eine Runde gut funktioniert, bleiben Sie nach und nach stehen und bitten Ihr Pferd weiterzulaufen. Das tun Sie wie beim „Komm mit" mit dem Arm, der beim Pferd ist und ein

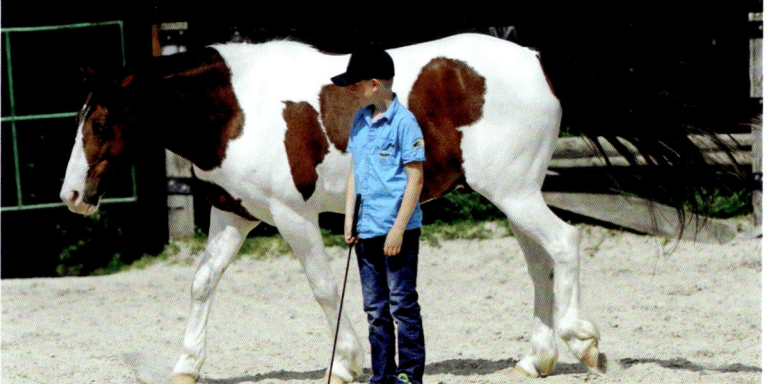

Die Pause gibt es in der Mitte beim Menschen.

bisschen mit dem Stick in der anderen Hand. Das macht weniger Druck als das Weiterschicken wie beim Zirkelspiel. Entscheidend sind wieder Ihre Energie und Ihr Fokus (Umschalten zwischen Fragen und Neutral sein, inneres Bild des Zirkels).

Schritt 4: Sobald das Pferd einige Schritte selbstständig schafft, können Sie beginnen nach mehr zu fragen. Bald werden Sie Ihr Pferd losschicken können, ganz ohne sich auf der Stelle mitdrehen zu müssen.

Schritt 5: Als Dankeschön beenden Sie die Aufgabe wieder, indem Sie sich ausschalten und das Pferd zu einer Pause herholen. So bleibt auch die Aufmerksamkeit bei Ihnen, weil das Pferd dort nach der Pause sucht.

Vergessen Sie nicht, auch die andere Richtung zu üben. Das gilt auch für die meisten anderen Übungen.

Häufige Probleme und mögliche Lösungen

Ihr Pferd driftet von Ihnen weg
Geduld: Machen Sie den Kreis nicht zu schnell zu klein. Nutzen Sie die Hinterhand und das „Bleib bei mir", bis das Pferd wieder bei Ihnen ist und beginnen dann von vorn. Rennt es ganz weg, ist die Verbindung evtl. noch nicht fest genug für diese Übung.

Ihr Pferd schafft es nicht, selbstständig weiterzulaufen, wenn Sie stehen bleiben

Wiederholen Sie das Zirkelspiel. Meist ist der Mensch nicht neutral genug und das Pferd versteht seine Verantwortung nicht ausreichend. Übergangsweise können Sie etwas mehr/länger mit dem Stick von hinten nachhelfen, damit Sie auch tatsächlich stehen bleiben können. Geben Sie sich dafür den Stick immer von einer Hand in die andere weiter. Doch nutzen Sie jeden Versuch des Pferdes dazu, wieder neutral zu werden.

Ihr Pferd drängt Sie mit der Vorhand weg

Geringfügig: Machen Sie ausnahmsweise ein bisschen Platz, wenn es dem Pferd hilft bei Ihnen zu bleiben.
Heftiger: Bestehen Sie auch beim freien Pferd auf Ihrer Privatzone. Sicherheit geht vor! Hier ist viel Gefühl für Balance gefragt, um das Pferd nicht mit zu viel Druck zu verunsichern und wegzutreiben.

Herausforderung: So geht es weiter

Versuchen Sie, das Pferd später auch wie beim Zirkelspiel aus der Position vor Ihnen frei auf den Kreis zu senden. Vergrößern und verkleinern Sie den Zirkel: Energie Richtung Schulter vergrößert den Zirkel, Energie Richtung Hinterhand holt das Pferd weiter herein. Testen Sie, ob es auch im Trab oder im Galopp funktioniert und nutzen Sie es zum freien Spielen mit mehr Distanz.

Was mit einem Pferd geht, geht auch mit mehreren.

Mit und ohne Seil eine hilf-reiche Lektion: der Wechsel zwischen gerader Linie und Kreisbogen.

Kombination von „Bleib bei mir" und freiem Zirkelspiel

Sinn und Ziel

Ziel: Ihr Pferd bewegt sich ohne Seil mit Ihnen zusammen abwechselnd in einer Volte (Sie drehen sich dabei mit) und auf der Geraden.

Flexibilität: Die Kombination aus gerader Linie und Kreisbogen bzw. Mitgehen und Stehenbleiben fördert die geistige und körperliche Flexibilität Ihres Pferdes.

Gefühl: Sie selbst werden hierbei ein gutes Gefühl für Ihre Körpersprache und Ihre Position zum Pferd entwickeln.

Fokus und Verantwortung: Hier müssen Sie eine klare Vorstellung von Ihrer Bewegung haben (drehen oder gehen) und gleichzeitig von der des Pferdes (Gerade oder Kreis) – und für das Pferd gilt das Gleiche! Sie beide haben also Verantwortung füreinander!

Neutral: Wie beim ähnlichen „Führen aus der Sattellage" (siehe S. 139, dort bei den Herausforderungen), festigen Sie hier durch den Wechsel zwischen Mitdrehen und Mitgehen Ihr Neutralsein als wertvolles Kommunikationsmittel.

Voraussetzung

Siehe „Bleib bei mir" und freies Zirkeln; Gefühl für Raum und Energie; Flexibilität.

SCHRITT 1

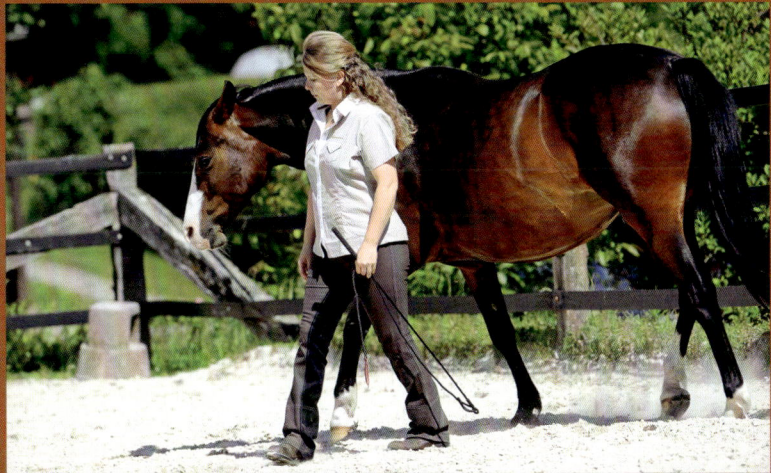

SCHRITT 1 *Laufen Sie im „Bleib bei mir" mit Ihrem Pferd auf dem Hufschlag los (z. B. linke Hand).*

SCHRITT 2

SCHRITT 2 *Nach einigen Metern bleiben Sie weich und nicht zu abrupt stehen und drehen sich um die eigene Achse nach links. Das Pferd soll in der Gangart bleiben und um Sie herum eine Volte laufen. (Werden Sie beim Drehen nicht schneller als das Pferd, bleiben Sie neutral.)*

SCHRITT 3

SCHRITT 3 *Sobald es wieder am Hufschlag angekommen ist, setzen Sie sich wieder mit Ihrem Pferd entlang des Hufschlages in Bewegung.*

Dies wiederholen Sie in regelmäßigen Abständen. Wenn das gut auf beiden Händen funktioniert, können Sie die Gangart erhöhen. Sie traben dann z. B. auf der Geraden mit, drehen sich aber beim Zirkeln wieder nur auf der Stelle, während das Pferd weitertraben soll.

Häufige Probleme und Lösungen

Ursachen für Probleme liegen fast immer bei den Einzelübungen, meist beim Gangarten beibehalten, dem Neutralsein und der Verbindung. Gehen Sie zurück zu den Grundlagen und üben Sie in kleineren Schritten.

Das größte Problem ist der Übergang. Um Probleme zu vermeiden, wiederholen Sie die prinzipiell ähnliche Herausforderung beim „Führen aus der Sattellage" (siehe S. 139).

Herausforderungen

Verlegen Sie die Übung von der Bande weg in die Reitbahn; versuchen Sie den Abstand zu vergrößern; suchen Sie sich vorher bestimmte Bahnpunkte aus, an denen Sie die Volten machen wollen.

Freies Spielen mit dem Pferd

Sinn und Ziel

Ziel: Spielen Sie alle Übungen und Spiele, die wir zuvor beschrieben haben, frei mit dem Pferd – ohne Seil und Halfter.

Sie verbessern enorm die Verbindung und entwickeln ein immer besseres Gefühl und Balance hinsichtlich Nähe und Distanz.

Voraussetzung

Alle bisherigen Übungen, besonders die der Freiarbeit; viel Kreativität, Gefühl und Flexibilität.

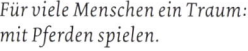

Für viele Menschen ein Traum: mit Pferden spielen.

Durchführung

Spielen sie die Übungen aus dem Buch frei oder bauen Sie sich auch
mit dem freien Pferd einen Parcours mit leichten Herausforderungen.
Beispiel: Laufen Sie im „Bleib bei mir" über den Platz, schicken Sie
dann Ihr Pferd von sich weg um eine Tonne herum, holen es wieder zu
sich, traben mit ihm gemeinsam über eine Stange, bleiben danach
stehen und fragen es einige Schritte rückwärts. Wechseln Sie zwischendrin die Richtung oder fragen Sie das Pferd auf den Anhänger, beides
ohne die Gangart zu unterbrechen, usw.

Ihrer Kreativität sind nun keine Grenzen mehr gesetzt. Überlegen
Sie sich aber am Anfang Ihre Aufgaben immer schon im Vorfeld (für
besseren Fokus und Führung).

Wer spielt mit wem?

Wenn Sie offen genug sind, können Sie Ihr Pferd auch mal entscheiden
lassen, was es gerne an welcher Station machen würde, das schweißt zusammen und macht Spaß, denn meist haben Pferde richtig gute Ideen!

Wenn es Ihr Reitplatz aushält, können Sie das Pferd auch mal wild
spielen lassen und einfach mitspielen. Es kann selbst entscheiden, ob es
kommt oder geht; Sie machen einfach mit, wie bei der Spiegelübung,
nur viel freier.

Freies Spielen mit dem Pferd

 In diesem Film
sehen Sie, wie
schön das freie
Spielen ist.
Unter www.m.kosmos.de/
14073/v12 erhalten Sie die
gleichen Infos.

Sind Sie selbst im Spielmodus, wirkt das oft ansteckend auf die Pferde.

Für sich selbst spielen

Um sich und Ihr Pferd auch tatsächlich in einen Spielmodus zu versetzen, dürfen Sie gerne von sich aus anfangen zu spielen – nicht mit dem Pferd, nur für sich selbst. Rennen Sie über den Platz, spielen Sie Ball oder tun Sie, wonach Ihnen gerade ist. Wenn Sie das schaffen, wird die ganze Stimmung freier, offener und positiver. Spannungen und Unsicherheit lösen sich besser auf, selbst wenn Sie Dinge tun, die das Pferd kurz erschrecken – Sie können dabei eigentlich nichts falsch machen.

Regeln und Freiheit

Bisher ging es hauptsächlich darum, Spielregeln zu lernen. Um das Zusammensein von Pferd und Mensch frei und sicher gestalten zu können, ist das auch meist sinnvoll und notwendig. Sie sollten aber nicht warten, bis Sie alles perfekt können, um mit Ihrem Pferd zu spielen. Machen Sie das, sooft es geht und solange es sicher ist!

Ein paar Worte auf den Weg

Schön, dass Sie bis zum Ende unseres Übungsbuches dabeigeblieben sind! Sie haben nun das vollständige Handwerkszeug, um sich auf den Weg zu Ihren eigenen Zielen mit Pferden zu machen und eventuell auftretende Probleme anzugehen. Doch dazu müssen Sie unbedingt Ihre ganz persönliche Interpretation der Übungen und Fragen finden. Versuchen Sie nicht, alles haargenau nachzumachen, sondern trauen Sie sich auszuprobieren, auch wenn es mal daneben geht. Werden Sie autark und selbstständig.

Denken Sie auch daran, dass die Übungen nie perfekt funktionieren müssen, nicht bei Ihnen und nicht bei Ihrem Pferd. Jedes Mal, wenn Sie an eine Grenze kommen, können und sollten Sie immer wieder zurückkehren zur Basis.

Und lassen Sie sich vor allem von anderen Pferdemenschen inspirieren, auf Vorführungen, durch Videos, gute Bücher aber auch bei Kleinigkeiten im Stallalltag.

Wir wünschen Ihnen und Ihrem Pferd dabei viel Erfolg und – noch wichtiger – Viel Spaß!

Jenny Wild und Peer Claßen

Service

Register

Zum Weiterlesen

Aguilar, Alfonso: **Professionelle Ausbildung am Boden,** ... für jedes Alter, für jede Rasse; Edition WuWei bei KOSMOS 2014

Für Alfonso Aguilar ist die Bodenarbeit ein wichtiger Teil in der Pferdeausbildung. Sein schrittweise aufgebautes Buch zeigt Übungen für jedes Pferdealter – vom ersten Aufhalftern bis zu anspruchsvollen Lektionen an der Doppellonge. Eine „Roadmap" hilft, den eigenen Trainingsstand zu bestimmen und die individuellen Ausbildungsschritte mit dem eigenen Pferd zu gehen.

Eschbach, Andrea und Markus: **Bodenarbeit mit dem Leitseil,** Führ- und Beziehungstraining mit dem Pferd; KOSMOS 2014

Die erfahrenen Pferdetrainer Andrea und Markus Eschbach erklären, wie das Training mit dem Leitseil gelingt: So führen und formen Sie mit Halfter und Seil das Pferd und trainieren dabei Vorwärts-, Seitwärts- und Rückwärtsbewegungen. Durch diese Übungen entsteht fast von selbst eine vertrauensvolle Beziehung und das Pferd wird schonend gymnastiziert. Mit Basistraining, Übungen mit Hindernissen und im Gelände.

Klimke, Ingrid: **Reite zu Deiner Freude,** Grundsätze meiner Pferdeausbildung; KOSMOS 2016

Ingrid Klimke stellt erstmals ihre Trainingsphilosophie vor. Die Basis bilden Vielseitigkeit und Abwechslung wie Cavaletti-Arbeit, Dressur, Springen und Reiten im Gelände. Am Beispiel ihrer eigenen Pferde gibt sie wertvolle Tipps zur Förderung des jeweiligen Pferdecharakters. Auch als E-Book erhältlich.

Müller, Karin: **HippoSophia,** Warum Pferd und Mensch sich gut tun; KOSMOS 2016

Wer schon einmal in einem Pferdestall war und die friedliche Atmosphäre spüren konnte, weiß: Pferde und ihr Umfeld tun uns gut. Wir stärken und entwickeln uns durch die Pferde, doch wir können

ihnen auch viel geben, sodass ein gegenseitiges Fördern und Wachsen entsteht. Wie der Stall ein Ort der Heilung werden kann und welche Rolle Mensch und Pferd dabei spielen, wird in diesem Buch erstmals tiefgehend beschrieben und wissenschaftlich belegt.

Pignon, Frédéric / Delgado, Magali: **Die Kraft der Verbindung;** Edition WuWei bei KOSMOS 2013

In dem Nachfolgeband von „Achtung, Respekt, Würde" beantworten die beiden Künstler spannende Fragen zu ihrer Philosophie und ihrem Leben mit Pferden. Mit fantastischen Fotos von Gabriele Boiselle.

Rashid, Mark: **Pferde sanft führen,** So wird deine Idee zur Idee des Pferdes; KOSMOS 2016

Mark Rashid beschreibt seinen Weg zu einem neuen, sanften Umgang mit Pferden. Begegnungen mit zahlreichen beeindruckenden Pferdepersönlichkeiten haben ihn als Trainer zum Umdenken angeregt. Er zeigt wie es gelingt , eine von Einfühlung, Gelassenheit und Sanftheit getragene Beziehung zum Tier aufzubauen. Auch als E-Book erhältlich.

Wild, Jenny: **Von Pferden lernen, sich selbst zu verstehen;** KOSMOS 2014

Pferde geben uns in allen Situationen ein direktes, unmittelbares und unverfälschtes Feedback. Das gibt uns die Möglichkeit, sehr viel über uns zu lernen. Dieses Buch erklärt die Prinzipien des Natural Horsemanship und ist angereichert mit praktischen Beispielen aus dem Alltag mit Pferden. Auch als E-Book erhältlich.

Nützliche Adressen

www.peerundjenny.de
Peer Claßen: peer-classen@peer-classen.de
Jenny Wild: jenny-wild@peer-classen.de

Bildnachweis

170 Farbfotos wurden von Horst Streitferdt für dieses Buch aufgenommen.

Weitere Farbfotos von Peer Claßen / Jenny Wild: (100): S. 3, 7, 12, 13, 16, 18 u., 19., 20 li., 20 re., 27, 35 u., 37 o., 47, 51, 56, 66, 72, 73, 75, 76 li., re., 77 li., re., 84 u., 86 li., re., 89, 90, 93, 94, 95 o., 98, 99 o.li., o.re., 102 (5), 105, 106 (5), 109 o., u., 111 (4), 113 u., 114 (4), 127, 134 o., u., 136 li., re., 137, 138 (2), 143 (2), 144, 145 (3), 146, 147, 149 (6), 151 o., 155, 156, 157 (4), 158, 163, 165, 166 (3), 169, 174 (3), 178, 181, 184, 185, 186; Ulrike Amler (1): S. 6; Gabi Metz (1): S. 1; Christiane Slawik (1): S. 4.

Mit 2 Illustrationen von Peer Claßen.

Die Filme für die QR-Codes wurden von Jenny Wild und Peer Claßen für dieses Buch gedreht.

Impressum

Umschlaggestaltung von eStudio Calamar unter Verwendung von zwei Farbfotos von Gabi Metz (U1) und Horst Streitferdt / Kosmos (U4).

Mit 273 Farbfotos und 2 Farbillustrationen

Unser gesamtes Programm finden Sie unter **kosmos.de.**
Über Neuigkeiten informieren Sie regelmäßig unsere
Newsletter, einfach anmelden unter **kosmos.de/newsletter**

Gedruckt auf chlorfrei gebleichtem Papier

© 2015, Franckh-Kosmos Verlags-GmbH & Co. KG, Stuttgart
Alle Rechte vorbehalten
ISBN 978- 3-440-14073-4
Redaktion: Alexandra Haungs
Gestaltungskonzept: eStudio Calamar
Gestaltung und Satz: Atelier Krohmer, Dettingen/Erms
Produktion: Nina Renz
Printed in Slovakia / Imprimé en Slovaquie

FSC
www.fsc.org
MIX
Paper from
responsible sources
FSC® C084279

Harmonie zwischen —— Pferd und Mensch

200 Seiten, ca. €(D) 29,99

Entspannt die Freizeit im Sattel genießen, das wünschen sich die meisten Reiter. Die Methode des Natural Horsemanship bietet noch mehr, nämlich freies Reiten in der Natur bei maximaler Sicherheit. Dieses praktische Trainingsbuch zeigt, wie es funktioniert. Die Autoren übertragen alle wichtigen Übungen des Natural Horsemanship vom Boden in den Sattel. Vertrauensaufbau und Scheutraining lassen Pferd und Reiter zu Gelassenheit und Harmonie finden. Mit zehn Filmen zu den wichtigsten Übungen auf der KOSMOS-PLUS-App.

Je bewusster wir die Ähnlichkeiten zwischen Mensch und Pferd wahrnehmen, desto einfacher finden wir einen Zugang zu unseren Pferden. Pferde geben uns ein direktes, unmittelbares und unverfälschtes Feedback. Das gibt uns die Möglichkeit, sehr viel über uns zu lernen. Dieses Buch erklärt die Prinzipien des Natural Horsemanship – angereichert mit praktischen Beispielen aus dem Alltag mit Pferden. Es verhilft zu einem Gefühl der Harmonie, Sicherheit und Freiheit im Umgang mit Pferden.

200 Seiten, ca. €(D) 19,99